AF389875

LES

CHEMINS DE FER MÉTROPOLITAINS

ANGERS, IMPRIMERIE BURDIN ET Cie, RUE GARNIER, 4.

LES
CHEMINS DE FER

MÉTROPOLITAINS

ET

LES MOYENS DE TRANSPORT EN COMMUN

A LONDRES
NEW-YORK, BERLIN, VIENNE ET PARIS

PAR

F. SÉRAFON

Membre de la Société des Ingénieurs civils de France,
Ancien Ingénieur-Inspecteur principal au chemin de fer Victor-Emmanuel,
Ancien Directeur des Tramways de Lille

AVEC TROIS PLANCHES ET CINQ FIGURES INTERCALÉES DANS LE TEXTE

PARIS

LIBRAIRIE POLYTECHNIQUE BAUDRY ET Cie ÉDITEURS
15, RUE DES SAINTS-PÈRES, 15
MAISON A LIÈGE, RUE LAMBERT-LEBÈGUE, 19

1885

INTRODUCTION

Paris vaavoir, dit-on, comme Londres, son chemin de
fer Mét ropolitain souterrain, et dans quelques années on
voyagera sous les égouts pour aller de la Bastille à l'Opéra.
On a longtemps cherché des concessionnaires sérieux voulant se charger d'une pareille entreprise sans subvention
ni garantie d'intérêt, mais les plus hardis ont reculé devant
les difficultés et les dépenses qui ne leur semblaient pas
en rapport avec les recettes probables. C'était, au reste, et
c'est encore aujourd'hui, l'opinion de tous les ingénieurs
compétents qui ont étudié la question dans tous ses détails;
c'est aussi celle du Syndicat des grandes Compagnies de
chemins de fer qui, à deux reprises différentes, n'a voulu
entreprendre le Métropolitain que moyennant une subvention élevée.

Il s'est cependant trouvé dans ces dernières années des
spéculateurs en quête d'affaires nouvelles, qui ont offert de
construire et d'exploiter le Métropolitain sans subvention
ni garantie d'intérêt. Ils sont arrivés à constituer, avec le
concours de certains établissements financiers, une Compagnie à laquelle le Ministre des Travaux publics a accordé

récemment la concession, se réservant de la faire approuver par les Chambres. Il est probable que le public sera appelé prochainement à fournir les fonds nécessaires à cette vaste entreprise. Déjà, pour préparer la souscription, on a créé un journal spécial destiné à démontrer aux Parisiens qu'au point de vue financier, le Métropolitain est une affaire appelée au plus brillant avenir. On va faire miroiter à leurs yeux la prospérité des chemins de fer souterrains de Londres. De l'exposé plus ou moins exact de leur situation financière, on conclura que le Métropolitain parisien, n'ayant pas comme les chemins de fer souterrains de la Métropole anglaise de concurrence à redouter, doit donner de plus beaux bénéfices. Il importe que le public soit dès à présent fixé à cet égard et qu'il sache bien quelle différence il y a entre les deux Métropolitains de Londres et celui que l'on se propose d'établir à Paris.

Depuis plus de quinze ans nous ne cessons de réclamer la construction d'un chemin de fer Métropolitain fortement agencé. C'est, à notre avis, le seul moyen de désencombrer nos rues à certaines heures et de permettre aux Parisiens de se transporter d'un bout à l'autre de la ville quand ils en ont besoin. Mais pour que le succès du Métropolitain soit assuré, il faut que son système de construction ne choque ni les goûts ni les habitudes du public.

Le Parisien aime le grand air et la lumière, et il ne donnera la préférence au tube souterrain que lorsqu'il trouvera dans ce mode de transport des avantages que ne peuvent lui offrir les tramways. Cette répugnance à voyager au-dessous des égouts est plus ou moins grande suivant les pays, mais elle existe et il faut en tenir compte. Depuis la construction des Métropolitains de Londres, on semble avoir renoncé partout aux chemins de fer souterrains pour desservir les villes. La difficulté qu'éprouvent les Ingénieurs anglais à assurer les ventilations de ces voies ferrées n'encourage pas à en construire d'autres. Aux États-Unis, à Berlin et à Vienne, on a donné la préférence aux systèmes à ciel ouvert.

Le public se désintéresse des questions qu'il ne connaît pas, et cependant celle du Métropolitain le touche de trop près pour qu'il y reste étranger. Il importe qu'il se rende compte des avantages et des inconvénients des différents systèmes proposés pour la résoudre. Pour le mettre à même de juger celui qui convient le mieux à Paris, nous avons réuni dans cette brochure tous les renseignements que de longues et patientes recherches à l'étranger nous ont permis de recueillir sur *les Chemins de fer souterrains de Londres, les Voies ferrées aériennes de New-York et le Métropolitain sur viaduc en maçonnerie de Berlin.*

Il était difficile de parler du rôle des chemins de fer dans les villes sans dire quelques mots des omnibus et des tramways qui sont le complément indispensable des Métropolitains. Au moment où l'on se prépare à donner à ces deux modes de transport en commun le développement que l'importance de la circulation parisienne rend chaque jour plus nécessaire, il nous a paru intéressant de faire connaître comment ils sont organisés à Londres, à New-York, à Berlin et à Vienne.

LES

CHEMINS DE FER MÉTROPOLITAINS

LONDRES

De toutes les grandes villes, Londres est celle où les transports en commun offrent les plus grandes facilité s de déplacement. Son réseau de chemins de fer forme un développement de plus de trois cent vingt kilomètres, sur lesquels les compagnies font un service analogue à celui de nos omnibus parisiens. C'est à Londres seulement que l'on trouve les chemins de fer souterrains qui doivent servir de modèle au Métropolitain de Paris. A ce titre, leur description détaillée nous a paru devoir intéresser nos lecteurs.

D'après Sir J. Bazalgette [1], la ville de Londres (*London*), ainsi désignée pour la distinguer de la banlieue (*Outer London*), renferme, dans les limites municipales et sous l'administration de la municipalité, plus de quatre millions d'habitants répartis sur une étendue de trois cent quatre kilomètres carrés.

---

1. Discours à l'institution des Ingénieurs civils de Londres, lors de son installation comme président.

On y compte cinq cent mille maisons habitées en moyenne par huit personnes. Tous les dix ans, à l'époque des recensements, les limites sont reportées plus loin, et l'on obtient de cette manière une augmentation dans le chiffre de la population. C'est ainsi que de 1871 à 1881 cette augmentation a été de plus de huit cent mille âmes.

Il est à remarquer qu'aucune enceinte fortifiée ni fiscale n'arrête le développement de la métropole anglaise et ne l'oblige, comme Paris, Vienne ou Berlin, de prendre en hauteur ce qui lui manque en superficie.

Bâti dans une vallée d'où s'élèvent en amphithéâtre au Nord et au Sud de riants coteaux, très recherchés de la population à cause de l'air pur qu'on y respire, Londres s'étend de l'Est à l'Ouest parallèlement à la Tamise, sur une longueur de plus de vingt-trois kilomètres ; c'est la distance de la gare Saint-Lazare à Saint-Germain.

Au delà des nouveaux faubourgs, dont les limites sont à peine indiquées, la banlieue offre à l'Est et au Sud de nombreuses localités où des entrepreneurs construisent en bloc, sur un type uniforme, des cottages avec jardin, dont la location donne souvent droit au parcours gratuit sur les voies ferrées qui conduisent à la Cité. C'est là que la classe moyenne, les employés, les ouvriers aisés que leurs affaires appellent journellement à Londres viennent vivre et élever leur famille loin du brouillard et de la fumée.

Voici ce qu'écrivait à ce sujet au mois d'octobre dernier le *Railway News,* un des meilleurs journaux de chemins de fer publiés en Angleterre : « En raison du bas prix des parcours, de la multiplicité et de la rapidité des trains, les chemins de fer de Londres permettent à la plupart de ceux qu'y appellent leurs occupations quotidiennes de résider à une distance de seize à dix-sept kilomètres du siège de leurs travaux. Les classes ouvrières peuvent ainsi trouver aujourd'hui dans la banlieue des habitations salubres et économiques. »

Les propriétaires des terrains situés autour de Londres ont largement exploité cette tendance à s'éloigner du centre. Tandis que dans le cœur de la Cité la valeur de la propriété bâtie est considérée comme ayant atteint son maximum, les domaines compris dans un cercle de trente-deux kilomètres de rayon à partir de l'église Saint-Paul, semblent destinés encore à doubler et à tripler de valeur à bref délai. Aussi n'est-il pas surprenant que plusieurs sociétés par actions se soient formées en vue d'acquérir de vastes terrains dans la banlieue de Londres et d'en faire le lotissement. Là où les achats de propriétés ont été réalisés avec intelligence, le revenu des actions s'est élevé facilement à dix pour cent.

Le développement considérable qu'ont pris dans ces vingt dernières années les chemins de fer de Londres, a amené un déplacement sensible de la population. C'est de l'Est à l'Ouest que s'opère surtout ce déplacement.

Pendant que la population du West-End augmente, celle de la Cité diminue. En 1871, elle était encore de 74 933 habitants. En 1881, elle était réduite à 50 562 âmes, soit une diminution de plus d'un tiers dans dix ans.

Les grandes percées faites dans les vieux quartiers pour donner de l'espace au mouvement considérable de piétons et de voitures qui se produit à certaines heures de la journée, ont tellement augmenté le prix des terrains, qu'il n'y a plus aujourd'hui dans la Cité que des comptoirs, des bureaux et des magasins. Dans certaines rues le prix du mètre superficiel a atteint dix-huit mille francs. Aux vieilles et noires maisons à deux étages que l'on jette par terre, succèdent de vastes constructions à cinq étages, prétentieuses dans leurs lignes et leur ornementation, mais qui, à défaut de beauté architecturale, servent de réclame aux nouvelles banques, aux compagnies d'assurances, aux agences de tout genre qui abondent dans la Cité. C'est le système américain appliqué au vieux Londres.

On ne vient dans la Cité que pour vaquer à ses affaires. Le soir et les jours de fête cette partie de la Métropole est déserte et la garde des maisons restées sans locataires est confiée à la police locale.

Après la fermeture des bureaux et le *départ du courrier*, les chemins de fer, les tramways, les omnibus et les bateaux à vapeur transportent patrons et employés dans toutes les directions.

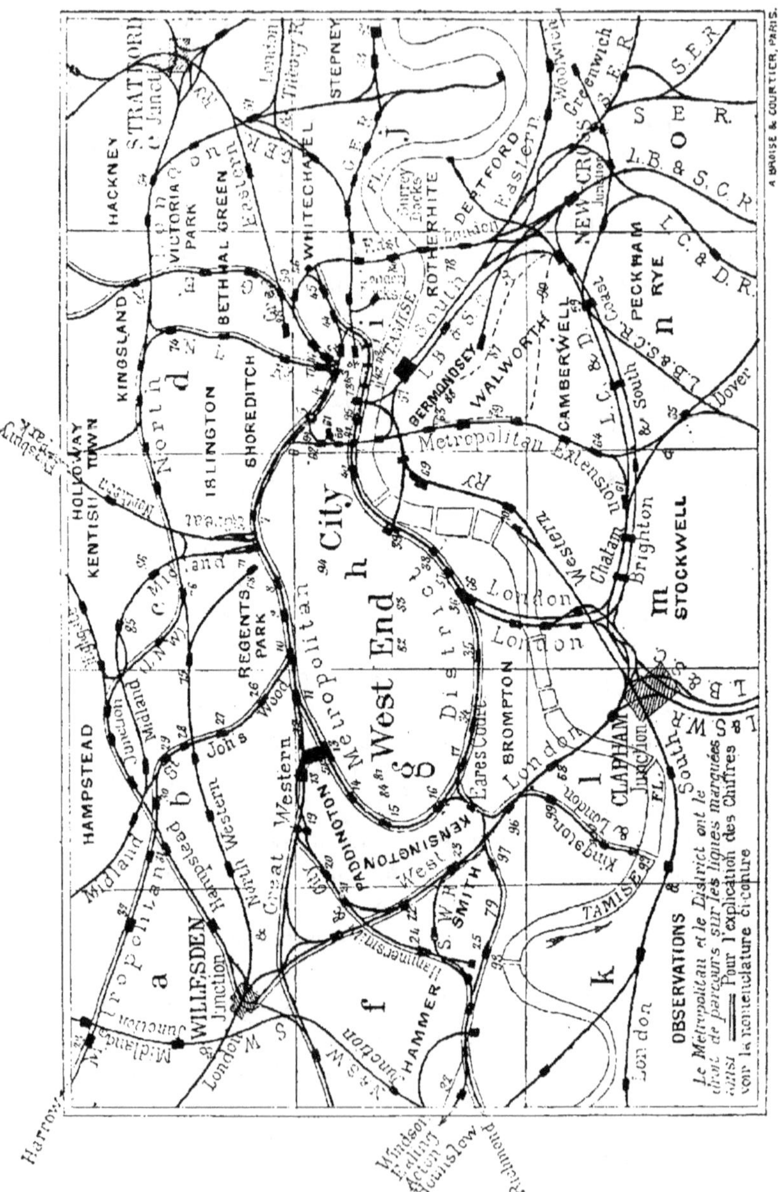

Fig. 1. Carte des chemins de fer Métropolitains de Londres

NOMENCLATURE

DES CHEMINS DE FER, GARES ET STATIONS PRINCIPALES DE LONDRES EN 1885

Station		N°
Metropolitan.		
Tower of London	i	1
Aldgate St.	»	2
Bishop'sgate St.	»	3
Moorgate St.	»	4
Aldersgate St.	»	5
Farringdon St.	d	6
King's Cross	c	7
Gower St.	»	8
Portland Road	»	9
Baker St.	»	10
Edgware St.	g	11
Bishop's Road	»	12
Praed St (Paddington)	»	13
Queen's Road (B.)	»	14
Nottinghill Gate	»	15
Kensington (H.-S.)	»	16
Gloucester Road	»	17
Hammersmith and City.		
Royal Oak	g	18
Westbourne Park	»	19
Nottinghill	»	20
Latimer Road	f	21
Uxbridge Road	»	22
Kensington (A.-R.)	g	23
Shepherd's Bush	f	24

Station		N°
Hammersmith (Broadway.)	f	25
Embranchement de Harrow.		
St. John's Wood	b	26
Marlborough Road	»	27
Swiss Cottage	»	28
Finchley Road	»	29
West Hampstead	»	30
Kilburn	»	31
Willesden Green	a	32
Kingsbury	»	33
Harrow	a	—
District.		
South Kensington	g	34
Sloane Square	h	35
Victoria Station	»	36
St. James Park	»	37
Westminster Brigde	»	38
Charing Cross	»	39
Temple (le)	»	40
Blackfriars Bridge	i	41
Mansion-House	»	95
Cannon Street	»	73
Monument (le)	»	42
Mark Lane	»	43
Aldgate East	»	44
St. Mary (W.)	»	45

Station		N°
Whitechapel	i	46
Hammersmith Extension	f	79
Earl's Court	g	»
West Kensington	»	97
Hammersmith	»	98
Embranchement de Putney.		
W. Brompton	g	96
Fulham Road	i	99
Parson's Green	»	100
Putney Bridge	»	93
Hammersmith Junction	f	92
Great Eastern.		
Liverpool St.	i	47
Bishop'sgate St.	d	48
Fenchurch St.	i	49
Bethnal Green	d	50
Bow	e	51
Blackwall	f	52
Poplar	»	53
Victoria Park	e	54
Great Northern.		
King's Cross	c	55

Station		N°
Finsbury Park	c.d	—
Midland.		
Saint Pancras	c	71
Kentish Town	»	85
Camden Town	»	86
Great Western.		
Paddington	g	56
London, Brighton and South Coast.		
London Bridge	i	57
Chelsea	l	58
Peckham Rye	n	59
London, Chatam and Dover.		
Ludgate hill	i	60
Elephant and Castle	»	63
Holborn	»	61
Herne hill	n	65
Snow hill	i	62
Loughborough	n	64
Brixton	m	67
Victoria Station	h	66
North London.		
Chalk Farm	c	75
Camden Town	»	76

Station		N°
Broad St.	i	77
Dalston	d	74
South Eastern.		
Charing Cross	h	39
Cannon Street	i	73
London Bridge	»	57
London and North Western.		
Euston Square	c	68
London and South Western.		
Waterloo Station	h	69
Wauxhall	»	70
Divers.		
Hyde Park	g	81
St. James Park	»	83
Kensington Gardens	»	84
Green Park	»	82
Southwark Park	i	78
New Kent Road	»	88
Walworth and Camb. Road	»	89
Old Kent Road	»	87
Peckham Road	»	90
Banque	»	91
Smithfield	»	94

C'est pour prendre part à ce mouvement dont on ne peut se faire une idée si l'on n'en a pas été le témoin, que toutes les entreprises de transport en commun cherchent à pénétrer au cœur de la Cité.

Pour faire des recettes, les compagnies de Londres ne reculent devant aucune combinaison, aucune dépense, quelque minime que puisse être le résultat. Elles n'hésitent pas à dépenser des millions pour avancer leurs rails d'un quart de mille, si ce prolongement doit enlever du trafic à leurs concurrents. A l'exemple des Américains, les Anglais attachent une très grande importance à placer les terminus de leurs chemins de fer au centre commercial des villes. C'est à cette cause et à la lutte des grandes compagnies qui ont leur point de départ dans la métropole anglaise, qu'il faut attribuer le grand développement de ses lignes urbaines et suburbaines. On peut dire que la concurrence entre les chemins de fer du Great Western, du Midland, du Great Northern et du London and North Western, qui desservent les districts manufacturiers les plus importants du nord de l'Angleterre, a été pour beaucoup dans la création du Metropolitan Railway.

Les directeurs du Great Western voulant, en 1853, rapprocher de la Banque (*i*, 91) leur terminus de Paddington (*y*, 56) placé à sept kilomètres environ du centre de la Cité, furent les premiers à s'entendre avec la compagnie du *Metropolitan Railway*, qui venait de se former pour réunir le West End et la Cité par un chemin de fer souterrain destiné, disait-on, à désencombrer les rues[1]. Tel était le prétexte mis en avant pour motiver la construction du Metropolitan, mais il s'agissait surtout d'offrir aux grandes compagnies de l'Ouest et du Nord le moyen de pénétrer dans le vieux Londres, le centre des affaires.

Approuvés en 1854, les travaux du Metropolitan ne furent commencés qu'en 1859. Il y eut au début de l'entreprise de

---

1. Voir, fig. 1, le plan de Londres. Le format de ce plan ne permettant pas d'y insérer tous les noms mentionnés dans le texte, on a dû les remplacer par des lettres et des chiffres. Les lettres indiquent les cases du plan, et les chiffres l'endroit précis où devraient être écrits les noms. La nomenclature placée en regard de la fig. 1 facilite les recherches.

grands embarras d'argent, mais grâce à une subvention de
cinq millions de francs de la Corporation de Londres et au concours financier du Great Western, la première section, d'une
longueur de six kilomètres environ, de Bishop's Road (*g*, 12)
(Paddington) à Farringdon Street (*d*, 6) dans la Cité, fut ouverte en janvier 1863 et exploitée provisoirement par le Great
Western. Comme à cette époque ce chemin avait encore la
voie de 2^m,13, on fut obligé de placer un troisième rail à côté
de la voie de 1^m,50, adoptée dès l'origine par le Metropolitan.
Cette adjonction du troisième rail força la Compagnie à donner
à la plate-forme une largeur inusitée. La même année le Metropolitan prit l'exploitation de sa ligne qu'il a conservée depuis.

Ainsi, dès l'origine du chemin souterrain, le Great Western
pouvait faire arriver sur les voies du Metropolitan ses voyageurs et ses marchandises en pleine Cité, à quelques pas du
nouveau marché à la viande de Smithfield (*i*, 94) sous lequel
il établit quelque temps après une gare aux marchandises.
Cette gare, d'une étendue de plus de 16000 mètres carrés, est
en communication directe avec les diverses voies souterraines
et le grand marché aux bestiaux de Copenhagen Fields.

Le tronçon de King's Cross (*c*, 7) à Farringdon Street était
à peine ouvert au public, que le Midland et le Great Northern
voulurent avoir, comme le Great Western, leur entrée dans la
Cité. Mais comme le Metropolitan redoutait, avec raison, pour
son service, les irrégularités de passage des trains de ces compagnies venant des grandes lignes du Nord et même de leur
banlieue, il fut décidé qu'on leur affecterait des voies spéciales.
On perça alors un deuxième souterrain à côté du premier, et
on posa deux voies nouvelles qu'on affecta au service du Midland, du Great Northern et à celui du London, Chatam and
Dover, qui arrivait en viaduc du sud de Londres aux abords
de Ludgate Hill.

Ces deux voies, désignées dans les conventions sous le nom
de *New lines*, passent sous Pantonville Road et vont contourner
à droite et à gauche le bâtiment des voyageurs du Great
Northern. Une troisième voie, qui se raccorde aux précédentes,
se dirige à l'Ouest, sous la gare de Saint-Pancras, vers la
grande ligne du Midland qu'elle rejoint après le Regent's Canal.

Les voies nouvelles en descendant vers Farrindgon Street passent sous celles du Metropolitan et du Great Western. Leur longueur, y compris les raccordements avec le Midland, le Great Northern, etc., est de 3 259 mètres. C'est d'une part à la station de Farringdon Street et de l'autre à celle d'Aldersgate Street, que le Chatam est en contact avec le Metropolitan au moyen des *New lines*. Celles-ci sont prolongées jusque dans la gare de Moorgate Street où elles s'arrêtent quand à présent.

Comme on le voit, de King's Cross à Moorgate Street, le Metropolitan a quatre voies : deux principales venant de Paddington qui servent au Great Western et au Metropolitan ; deux supplémentaires affectées au Midland, au Great Northern et au London, Chatam and Dover.

La troisième section du Metropolitan, de Bishop's Road à South Kensington (*g*, 34) où commence le District, a été livrée au public à la fin de 1868. Enfin, ce n'est que le 25 décembre 1882 que le prolongement de la section de Moorgate Street (*i*, 4) à Aldgate Street (*i*, 2), jusqu'à Trinity Square (*i*, 1), à deux pas de la Tour de Londres, a été mis en exploitation. C'est là que finit, aux termes de son acte de concession, le Metropolitan proprement dit.

Le Metropolitan District, ou simplement le *District* comme on le désigne généralement, se soude au Metropolitan d'une part, à South Kensington, et de l'autre au terminus de la Tour de Londres, dans la Cité. La section de South Kensington à Westminster Bridge (*h*, 38) a été mise en exploitation le 24 décembre 1868 et celle de Westminster Bridge à Blackfriars Bridge (*i*, 41) le 30 mai 1870. L'ouverture de la partie comprise entre Blackfriars Bridge et Mansion House (*i*, 95) date du 3 juillet 1871. Ce jour-là la Compagnie a pris l'exploitation de la ligne entière dont elle avait chargé jusqu'alors le Metropolitan. Enfin, ce n'est qu'au mois d'octobre de l'année dernière que le circuit formé par les deux Métropolitains a été fermé et livré en entier au public. Il a fallu, on le voit, près de vingt-cinq ans pour construire ce que l'on appelle les *Métropolitains souterrains* de Londres, d'une longueur approximative de 21 kilomètres.

En jetant les yeux sur un plan de Londres où sont tracés

les chemins de fer, on voit que le Metropolitan. et le District forment une courbe elliptique qui, partant de l'Est, dans le quartier populeux de Whitechapel (*i* et *j*), touche au Great Eastern Railway (*i*, 3); traverse les parties commerçantes de la Cité qu'elle met en communication avec les gares importantes du Great Northern (*c*, 55), du Midland (*c*, 71) et du Great Western (*g*, 56); dessert les quartiers aristocratiques du West End, les jardins de Kensington (*g*, 81), les parcs (*h*, 82, 83) et le Parlement (*h*, 38), se raccorde à Kensington (A. R.) (*g*, 23) et à West Brompton (*g*, 96) avec le réseau de la banlieue ouest de Londres, et revient à son point de départ par les quais de la Tamise, après s'être mise en communication avec les chemins de fer du sud de la Métropole par les gares de Victoria (*h*, 36), de Charing Cross (*h*, 39) et de Cannon Street (*i*, 73).

Appliqué à Paris, le tracé du réseau intérieur des Métropolitains de Londres pourrait être figuré par une voie ferrée qui, partant de la Bastille, desservirait les gares de Vincennes, de Strasbourg, du Nord et de l'Ouest, passerait près de l'arc de triomphe de l'Étoile et reviendrait à la Bastille par les quais.

Les deux Métropolitains de Londres appartiennent à deux compagnies bien distinctes qui pour le public n'en forment qu'une. Tous deux ils mettent en communication la Cité et le West End, l'un par le Nord, l'autre par le Sud.

La lacune qui existait entre le Metropolitan et le District a été comblée à frais communs par les deux Compagnies. Le capital autorisé par les actionnaires s'élève à 82 millions et demi de francs représentés par des actions et des bons hypothécaires. La Corporation de Londres, le Conseil métropolitain des Travaux (*Metropolitan Board of Works*) et la Commission des Égouts donnant une subvention de 12 millions et demi de francs, on voit que la dépense totale atteindra 95 millions dont 55 millions pour souder les deux Métropolitains sur une longueur de 1 140 mètres environ; ce qui représente une dépense de 48 millions par kilomètre. Le restant de la somme a été affecté à la création d'une nouvelle rue entre King William Street et Trinity Square et à la construction d'une gare d'échange avec celle du South Eastern, dans Cannon Street. Dans la dépense prévue est compris un raccordement avec l'East London, dont le terminus est aujourd'hui à la gare de Liverpool Street.

Les conditions techniques d'établissement sont les mêmes pour les deux Métropolitains; elles ne diffèrent pas sensiblement de celles de l'East London.

Le Metropolitan est établi en tranchées et en souterrains, creusés dans des propriétés privées de Trinity Square à King's Cross et d'Edgware Road à South Kensington. D'Edgware Road à King's Cross, il se maintient en souterrain sur une longueur de 3 250 mètres, en grande partie dans l'axe des deux grandes voies de Marylebone Road et d'Euston Road. Sa longueur, de la Tour à South Kensington, est de 13 423 mètres. Avec les raccordements du Great Eastern, du Great Western et du London, Chatam and Dover (côté de Farringdon Street et côté d'Aldersgate Street) on arrive au chiffre total de 14 253 mètres.

Le District n'a pas de souterrain continu jusqu'à Mansion House; il a pu profiter de la construction monumentale des quais de la Tamise, pour se loger sous leur chaussée, depuis le pont de Westminster jusqu'à celui de Blackfriars. A partir de ce point, il s'engage sous Queen Victoria Street jusqu'à la gare de Mansion House, à deux pas de Cannon Street; puis, passant sous la station et l'hôtel du South Eastern Railway, le District se dirige vers le Monument, près d'East Cheap, et de là vers le coin de Mark Lane d'où la voie souterraine, décrivant une courbe allongée, va se raccorder près de Trinity Square au Metropolitan Railway.

La distance de South Kensington à la Tour de Londres, par Mansion House, est de 7 678 mètres.

Le District possède, en outre, la partie du réseau métropolitain que l'on désigne sous le nom de *Kensington Joint Lines*, d'une longueur de 5 130 mètres et qui comprend :

1° Le raccordement à double branche du District avec le West London, formant ce qu'on appelle l'X d'Earl's court :

2° Le raccordement direct de South Kensington à Kensington (High Street);

3° Le raccordement direct de South Kensington à West Brompton.

L'X d'Earl's court, en mettant en communication la partie souterraine du Metropolitan et du District avec les voies à ciel ouvert du West London, permet aux deux Métropolitains de desservir directement la plus belle partie de la banlieue de Londres.

La Métropole se développant vers l'Ouest, les deux Compagnies devaient chercher à s'étendre dans cette direction par des raccordements et des traités d'exploitation avec les Compagnies voisines.

C'est ainsi qu'en 1867 le Metropolitan devenait propriétaire, conjointement avec le Great Western, de la ligne de Bishop's Road (*g*, 12) à Hammersmith (*f*, 25), dont une branche partant de Latimer road (*f*, 21) va rejoindre le West London. Cette ligne, connue sous le nom de *Hammersmith and City*, est exploitée en commun par ces deux Compagnies. Elle est en communication avec la branche du London and South Western qui dessert Kew, Richmond et Kingston. Sa longueur est de 4,768 mètres.

Le Metropolitan est, en outre, propriétaire depuis quelques années de l'embranchement de Saint John's Wood, qui se rattache à sa ligne circulaire à Baker Street (*c*, 10). La Compagnie a prolongé le tronçon primitif qui s'arrêtait à Swiss Cottage jusqu'à Harrow, à 15 kilomètres environ de Londres. Toute cette portion de la banlieue comprend des localités renommées pour leur salubrité et la beauté de leurs sites.

De son côté, le District qui, bordé en grande partie par la Tamise, traverse des quartiers où la population est moins dense que sur le Metropolitan, a dû chercher à s'étendre dans la banlieue, en quête de districts habités : Fulham, Ealing, Richmond par exemple, dont il est la voie de communication avec la Cité. Il exploite aujourd'hui les embranchements suivants dont une partie est sa propriété :

1° L'Hammersmith Extension (*f*, 79), petite ligne de 1,750 mètres seulement, qui va de l'X d'Earl's court à Hammersmith (Broadway) et que le District a affermée pour 999 ans;

2° L'Hammersmith Junction (*f*, 92), raccordement concédé au Midland qui l'a rétrocédé au District à la condition de le construire, de l'outiller et de l'exploiter, tout en accordant un passage à ses trains moyennant péage;

3° L'Ealing Extension, prolongement de la ligne précédente, dont le District s'est engagé à payer le dividende fixé à 4 0/0 à perpétuité; ces deux dernières lignes ont une longueur de 4 827 mètres;

4° Le Kingston and London Railway (*l*), de Fulham à Kingston, dont une section est ouverte jusqu'à Putney Bridge (2 414 mètres). La compagnie primitive a été dissoute et la ligne appartient actuellement au District et au London and South Western. L'exploitation se fait sous la direction d'un comité mixte de six membres appartenant aux conseils des deux Compagnies;

5° L'embranchement d'Ealing à Hounslow (8 850 mètres) que le District exploite à 50 0/0 de la recette.

La longueur du réseau des deux Métropolitains et des lignes étrangères qu'ils exploitent ou sur lesquelles ils ont le droit de parcours était, à la fin de 1883, de 49^k,5 pour le Metropolitan et de 71^k,3 pour le District.

Le Metropolitan ayant obtenu en 1880 et 1881 le prolongement de Harrow à Rickmansworth et de Rickmansworth à Aylesbury, il lui reste à construire 46^k,750 pour lesquels la dépense prévue est de 600 000 livres, soit 15 millions de francs.

Voilà donc deux compagnies, celles du Metropolitan et du District, créées en vue de construire et d'exploiter un réseau à l'intérieur de Londres, qui s'étendent peu à peu à l'extérieur dans une partie de la banlieue où les chemins de fer font défaut. C'est le cas du prolongement de l'embranchement de Saint John's Wood à Harrow.

Le mode de construction des lignes d'embranchement des Métropolitains est le même que celui des chemins de fer ordinaires aux abords des grandes villes; nous ne nous y arrêterons pas. Il n'en est pas de même de la ligne circulaire qui a nécessité des travaux considérables, et dont le mode d'établissement doit d'autant plus intéresser le public parisien qu'il le verra reproduit dans le Métropolitain projeté.

Dans le parcours à l'intérieur de la Métropole le profil en long ne présente rien d'anormal comme rampes et comme courbes.

La rampe la plus forte que l'on rencontre sur la ligne circulaire
ne dépasse pas $0^m,0143$ (1/70). Elle s'étend sur 1 146 mètres
à partir de Kensington (High Street), dans la direction de Not-
ting Hill. Les rampes de $0^m,01$ par mètre sont très fréquentes;
notamment dans le parcours souterrain de King's Cross à
Edgware Road, point culminant du profil du Metropolitan.
Mais dans les raccordements avec les lignes étrangères, les
chiffres qui précèdent sont notablement dépassés. Ainsi, on
trouve sur celui du Great Northern, au delà de la station de
King's Cross, des déclivités qui atteignent $0^m,0208$ et $0^m,0218$
par mètre, et qui s'élèvent même à $0^m,0255$ sur 344 mètres dans
la partie comprise entre le point où les lignes du Nord passent
sous le Metropolitan et celui où elles se soudent, après Farringdon Street, aux voies du Chatam.

Quant aux courbes, on en rencontre, mais rarement, qui
n'ont que 200 mètres de rayon. Cependant, entre Edgware
Road et Bishop's Road, dans la direction du Great Western,
il y en a une dont le rayon ne dépasse pas 175 mètres et l'embranchement de Saint John's Wood se relie à la ligne circulaire
par une courbe d'un rayon inférieur à 125 mètres, mais ce
sont là deux exceptions. L'expérience a démontré qu'elles ne
présentent pas d'inconvénients, parce que les raccordements
sont toujours parcourus à petite vitesse.

La section courante de la partie en souterrain ou en tranchée couverte des Métropolitains de Londres, est une anse de
panier à trois centres, dont la hauteur sous clef au-dessus des
rails est de $4^m,80$ et la largeur aux naissances de la voûte de
$7^m,60$. La voûte est en briques, d'une épaisseur uniforme de
$0^m,55$, s'appuyant sur des pieds-droits de $0^m,66$, avec parement
vertical du côté des terres et parement courbe à l'intérieur.
Dans les endroits où l'on était limité par des égouts ou des
conduites d'eau que l'on ne pouvait dévier, les voûtes ont été
remplacées par des tabliers métalliques formés de poutres en
fonte. Ces poutres reposent sur des murs verticaux en briques,
et laissent au-dessous d'elles, jusqu'aux rails, un espace de
$4^m,12$ suffisant pour le passage des machines des différentes
compagnies qui parcourent le Metropolitan.

Les sections en tranchées à ciel ouvert sont revêtues de murs en briques, inclinées au 1/8, ayant $0^m,91$ de large et dont l'épaisseur et l'espacement varient suivant la nature du terrain et la profondeur des tranchées. Au-dessus de ces murs sont construites de petites voûtes qui supportent le mur de clôture dont la hauteur est de $1^m,83$. Enfin, les murs de revêtement sont reliés par des murs courbes, inclinés comme eux au 1/8.

Quand la tranchée ouverte est très profonde, les murs parallèles sont entretoisés par des croisillons en fer.

Toutes les fois que la nature du terrain l'a exigé, on a établi en briques un radier général en arc de cercle, ayant $0^m,46$ d'épaisseur.

On compte sur la ligne circulaire vingt-huit stations, dont le plus grand espacement est de 1 618 mètres, de King's Cross à Farringdon Street, et le plus petit de 302 mètres, de Mansion House à Cannon Street. Il n'y a que six stations en souterrain dans la partie circulaire.

Les stations à ciel ouvert sont établies dans des tranchées élargies pour recevoir les quais de départ et d'arrivée. L'élargissement ne dépasse pas, en général, la longueur de la station qui varie de 90 à 100 mètres. Un comble vitré de 15 mètres d'ouverture recouvre les voies. Le bâtiment ne comprend le plus souvent que les deux bureaux de distribution des billets placés dans le vestibule et de plain pied avec la voie publique, et celui de l'Inspecteur de la gare. Il est construit en travers de la tranchée, comme les stations du chemin de fer d'Auteuil. Les communications de la rue avec les quais opposés et celles des quais entre eux, se font au moyen de passerelles jetées sur les voies et garnies d'escaliers logés le plus souvent dans l'épaisseur des murs de soutènement. Les quais se composent d'un plancher de $3^m,50$ à 4 mètres de large, posé sur des madriers qui reposent eux-mêmes sur des murettes en briques de 1 mètre à $1^m,10$ de hauteur. Ils sont ainsi de niveau avec le plancher des voitures. Cette disposition permet de supprimer les marchepieds en usage en France et qui sont la cause de tant d'accidents. On la retrouve, au reste, sur presque tous les chemins de fer anglais. C'est la seule possible pour faciliter l'entrée et la sortie des voitures et diminuer la durée du stationnement dans les gares.

Il n'était pas possible pour les stations souterraines de placer le bâtiment en travers des voies. Aussi a-t-on été obligé d'en construire deux, un pour chaque direction, que l'on a placés parallèlement à l'axe du chemin. Ce sont de modestes constructions ayant la forme d'un pavillon carré de 11 mètres de côté et ne comportant qu'un rez-de-chaussée. Ils sont au niveau des trottoirs, dans les petits jardins des maisons qui bordent Marylebone et Euston Roads. Chaque pavillon renferme au milieu un bureau de distribution des billets, avec escaliers à droite et à gauche pour conduire les voyageurs sur les quais ou les amener sur la voie publique.

Sur toute la longueur des quais, le chemin est recouvert d'une voûte en arc de cercle ayant un rayon de $9^m,75$ et reposant sur des pieds-droits verticaux. Pour donner de l'air et de la lumière à la partie qu'occupe la station, on a percé à la naissance de la voûte, entre les pieds-droits, de grands soupiraux que l'on a revêtus de carreaux blancs en faïence. Ils débouchent en arrière des trottoirs dans les jardins dont nous avons parlé plus haut. On les a recouverts d'une plaque en fonte évidée qui en permet le nettoyage.

La station de Portland Road est en partie découverte. La Compagnie a dû acheter deux maisons pour pouvoir prendre de l'air sur le côté, comme à Gower Street (fig. 2). On a de plus percé au sommet de la voûte cinq ouvertures composées de trous circulaires tangents, revêtus de fonte dans toute l'épaisseur de la maçonnerie, et dont l'ensemble forme une fissure ovale de $6^m,50$ de long sur $0^m,90$ de large. Cette fissure est recouverte, au niveau des refuges établis sur l'axe de la rue, par des plaques de fonte évidées.

Les stations de Moorgate Street et de Mansion House occupent un espace qui nous paraîtrait en France bien insuffisant pour le nombre considérable de trains qu'elles reçoivent journellement. Les compagnies locataires, telles que les Great Northern, le Midland, le Chatam et le North Western, n'ont à leur disposition qu'une voie logée entre deux quais, qui sert à la fois à l'arrivée et au départ, et une voie de garage pour remiser une machine.

Le train arrivé sur la voie qui lui est affectée, les voyageurs descendent d'un côté pendant que ceux qui partent montent de l'autre. Une machine garée sur la voie de côté vient se placer à la queue du train qui devient la tête, et, le signal du départ donné, celle qui a amené le train et qui est restée prisonnière pendant l'arrêt, se dégage pour aller se garer à son tour, remplacer son eau de condensation et se préparer à remorquer un autre train. Cette manœuvre, très commune dans les gares de Londres, est curieuse à suivre dans celle de Cannon Street, du South Eastern, où le départ et l'arrivée des trains de Charing Cross se font sur un seul quai.

Fig. 2. Vue de la station souterraine de Gower Street.

La voie primitivement adoptée par le Metropolitan se composait de rails Vignole en acier fondu. On les a plus tard remplacés par des rails en acier, à double champignon non symétrique, du type dit *Buttheaded* (en tête de bœuf.) Leur poids est de quarante-deux kilog. par mètre courant. Ils reposent sur des traverses en sapin.

Le remplacement d'un rail à double champignon se fait plus vite que celui d'un rail Vignole. Sur des lignes très chargées comme celles qui desservent Londres, cette infériorité du rail américain sur le rail anglais suffisait pour le faire rejeter.

Pour répondre aux exigences d'un service de trains aussi difficile que celui des Métropolitains, les machines doivent satisfaire aux conditions suivantes :

Pouvoir démarrer facilement;

Reprendre en quelques secondes la vitesse normale ;

Éviter le patinage dans les tunnels et les tranchées ;

S'arrêter rapidement.

Ces conditions sont remplies par les locomotives des deux Compagnies.

Ce sont des machines-tender du poids de quarante-deux tonnes, portées sur quatre roues motrices accouplées de $1^m,64$ de diamètre, et dont l'avant repose sur un train Bissel proprement dit, à plans inclinés, sans la cheville ouvrière des machines américaines. Elles ont des cylindres, des foyers et surtout des grilles de dimensions exceptionnelles. La production de la vapeur se fait rapidement et en grande quantité, avantage d'autant plus précieux que les mécaniciens doivent vivre dans toutes les parties souterraines *sur le fonds acquis à l'air libre*. Ils ont ordre pour ces parcours de capuchonner la cheminée de la machine et d'envoyer la vapeur d'échappement dans de vastes bâches de condensation placées latéralement sur le châssis. Malgré les dimensions anormales des caisses, l'eau s'échauffe rapidement et la vapeur ne pouvant plus se condenser s'échappe dans le souterrain. D'un autre côté, après un long parcours en tunnel sans production de vapeur, la pression limitée à neuf atmosphères descend rapidement à six atmosphères et quelquefois au-dessous.

Dans les premiers temps de l'exploitation on brûlait du coke très pur, qui ne produit pas de fumée, mais qui est plus sujet que la houille, dit M. Couche[1], à donner naissance à l'oxyde de carbone, non seulement irrespirable mais toxique. On remplace depuis quelques années ce combustible par du charbon de très bonne qualité.

Tous les efforts tentés par le Metropolitan pour améliorer la ventilation de la partie souterraine n'ont pas produit le résultat que l'on attendait. Par les temps de brouillard, de pluie ou de chaleur, l'air est souvent vicié et très pénible à respirer. Il y a quelques années, à la suite de plaintes, nombreuses, la Compagnie prit le parti de se servir du tube pneu-

---

1. Voir : *Matériel roulant et Exploitation technique des Chemins de fer*, par M. Ch. Couche, Inspecteur général des mines, etc.

matique d'Euston à Holborn, qui passe à angle droit sur la voûte, pour établir entre le tube et le souterrain une communication qui devait servir à la ventilation du tunnel. Cette disposition n'a pas donné le résultat qu'on en attendait. Au reste, les mécaniciens ne peuvent pas toujours se conformer aux prescriptions des Compagnies dans le parcours des parties souterraines.

Tout récemment, le District a été obligé d'établir sur les beaux quais de la Tamise des constructions fort disgracieuses, pour donner de l'air à ses voyageurs et, disait la Compagnie, *pour permettre à son personnel des machines de voir les signaux avant d'arriver dessus.* La vue de ces affreuses caisses oblongues en briques jaunes, piteusement ornées de lierre, a eu le don d'horripiler la vieille *Pall Mall Gazette.*

C'était un défi au bon goût public, disait-elle ; les gaz sortant de ces boîtes allaient tuer les plantes des jardins voisins, etc. Le public protesta de son côté et des plaintes furent adressées au Parlement qui répondit : *que la Compagnie était dans son droit.* L'*Engineer* prétend qu'on aurait pu éviter ces *constructions malsaines* en augmentant la capacité des bâches de condensation. Mais, comme l'a fait observer un journal de la Cité, si la Compagnie s'est décidée à faire cette dépense, c'est qu'elle n'a pas cru pouvoir s'en dispenser. Lord Redeshale a terminé la discussion au Parlement par ces mots topiques : *Ce sera une grande consolation si les voyageurs du chemin de fer s'en trouvent mieux, car ceux qui passent sous les quais sont plus nombreux que ceux qui passent dessus.* On serait tenté de croire que le commerce du West End ne partage pas la manière de voir de Lord Redeshale. Tout récemment le Metropolitan ayant demandé à passer sous Hyde Park et Green Park pour aller rejoindre King Street (Westminster), une députation du *London Trades Council* à laquelle s'étaient joints des employés de la Compagnie, s'est rendue auprès du Commissaire des travaux de la Couronne pour lui demander s'il ne craignait pas, d'après les renseignements officiels connus, que les Parcs eussent à souffrir de l'exploitation du chemin de fer.

M. Shaw Lefèvre a répondu que la profondeur à laquelle le tunnel devait être percé, empêcherait le bruit et les vibrations produits par le passage des trains de se faire sentir. « J'ai imposé comme condition à la Compagnie, a-t-il ajouté, pour le présent comme pour l'avenir, de n'avoir ni ventilateur, ni trou d'aérage, dans les Parcs ou dans les rues. Vous ne serez pas surpris, après la lutte que j'ai soutenue contre la Compagnie du District au sujet des ventilateurs des quais de la Tamise, que j'aie considéré cette question comme de la plus haute importance. Je suis, au reste, informé par la Compagnie que ses ingénieurs, Sir John Hawkshaw en tête, l'ont assurée qu'il n'y aura pas de difficulté à ventiler la ligne au moyen de machines fixes manœuvrant des ventilateurs aux stations. »

La réponse de M. Shaw Lefèvre méritait d'être citée, parce qu'elle prouve une fois de plus que les ingénieurs anglais ne reculent pas devant les difficultés qu'ils rencontrent dans l'aérage des chemins de fer souterrains de Londres à mesure que le nombre des trains devient plus grand.

On en a la preuve dans ce qui s'est passé sur la dernière section des Métropolitains, de Mansion House à la Tour de Londres, la plus coûteuse à établir parce que c'est celle où, comme nous l'avons dit plus haut, se sont trouvées accumulées les plus grandes difficultés. Nous croyons qu'il ne sera pas sans intérêt pour nos lecteurs de connaître tout ce qu'il a fallu faire pour établir le chemin de fer. Hâtons-nous de reconnaître que le succès a été complet.

La première précaution à prendre était d'assurer la solidité des constructions sous lesquelles passe la voie ferrée, et cela sans gêner la circulation des rues, fort active dans cette partie de la Cité. Comme le fond du tunnel est bien au-dessous de la plupart des maisons, il fallait les reprendre en sous-œuvre à la même profondeur, afin de prévenir tous les cas d'effondrement possibles. Pour cela il était nécessaire de les inspecter toutes avec soin pour trouver la position des fondations et le poids approximatif qu'elles pouvaient porter. Les façades étroites dans la Cité ont forcé les architectes à donner la plus grande largeur possible aux fenêtres afin d'éclairer les parties basses des bâtiments, ce qui fait que les pieds-droits sont étroits et fortement chargés, conditions très défavorables pour reprendre en sous-œuvre.

Quant à la ventilation du tunnel, en présence de l'opposition des autorités de la Cité et de la valeur considérable des terrains, on ne pouvait l'obtenir que d'une manière artificielle. A cet effet, dans l'épaisseur des murs de côté on a pratiqué des renfoncements dans lesquels on a logé des ventilateurs de $5^m,49$ de diamètre et de $1^m,37$ de largeur, semblables à ceux en usage dans les mines. Ils doivent être mis en mouvement par des machines à gaz de douze chevaux chacune. Le tuyau d'échappement des ventilateurs est élevé à la hauteur des cheminées des environs. On compte pouvoir créer ainsi un courant d'air frais de cinq kilomètres à l'heure, qui pénétrera dans le tunnel par les stations et se fera sentir dans les deux directions.

Les voitures des Métropolitains ont 12 mètres de long. Elles sont divisées en huit compartiments et montées sur quatre essieux équidistants. Elles contiennent, suivant la classe, de quarante-huit à quatre-vingts places.

L'intérieur des caisses atteint au milieu de la séparation une hauteur de $2^m,50$ et la distance entre les sièges opposés dépasse 60 centimètres. Un homme de haute taille peut s'y tenir facilement debout. Dans la plupart des voitures la séparation des compartiments ne s'élève pas jusqu'au pavillon. Les châssis des portières sont seuls mobiles, et les ouvertures sont garnies de tringles longitudinales qui empêchent de passer la tête à l'extérieur. Cette mesure est motivée par le peu d'espace qui sépare en souterrain les caisses des voitures des pieds-droits de la voûte.

Tous les compartiments sont éclairés au gaz au moyen de réservoirs placés sur les voitures, et qu'on remplit le matin pour toute la journée à une pression de dix atmosphères.

Les freins installés sur les machines appartiennent à deux systèmes : l'un qui agit par l'air comprimé, c'est le frein Westinghouse ; l'autre qui fonctionne au moyen du vide ; ce dernier est le plus employé aujourd'hui.

Voici quel était le stock de matériel roulant des deux Compagnies à la fin de juin 1883.

Le Metropolitan possédait : 60 locomotives-tender, 48 voitures de première classe, 35 mixtes, 49 de deuxième classe, 109 voitures de troisième classe, 59 fourgons à bagages et wagons divers, plus 21 omnibus.

Le District avait : 42 locomotives-tender, 70 voitures de première classe, 89 voitures de deuxième classe, 137 voitures de troisième classe, et 19 fourgons et wagons de toutes sortes.

Sur les Métropolitains, la protection des trains en mouvement est assurée d'une manière aussi efficace que possible par l'adoption du *Bloc System* et de l'*Interlocking System*. Voici en quelques mots en quoi consistent ces appareils et comment on s'en sert.

Le *Bloc System*, qui tire son nom du mot *blocus*, consiste à partager la ligne en sections plus ou moins grandes et à ne laisser s'engager sur la même voie dans une section qu'un train à la fois, qui se trouve ainsi bloqué. Les sections doivent être d'autant plus courtes que le nombre de trains en circulation est grand. C'est le remplacement de l'intervalle de *temps*, généralement admis dans l'exploitation des chemins de fer, par l'intervalle *d'espace* qui présente plus de garanties de sécurité.

Sur les Métropolitains, où les stations sont rapprochées, comme sur toutes les lignes urbaines de Londres, la distance qui les sépare est de 800 à 900 mètres. Quand elle est plus grande, comme de Gower Street à King's Cross, on la réduit d'une manière fictive en installant un poste intermédiaire entre les deux.

Les postes sont généralement de petites guérites vitrées placées en tête des stations, et mises en communication avec le poste précédent ou suivant au moyen d'appareils électriques. Le *signalman* a devant lui, à 240 mètres environ en aval de la station, les signaux de protection.

Les guérites de bifurcations sont élevées à 5 ou 6 mètres du sol et quelquefois placées transversalement aux voies sur des colonnettes en fonte. C'est de là que les *signalmen* (ils sont au moins deux pour ces postes), manœuvrent les signaux et les aiguilles. Ces appareils sont reliés entre eux, et on agit sur eux au moyen de leviers placés dans la guérite et semblables aux anciens leviers de changement de marche des locomotives. De la dépendance qui existe entre les aiguilles et les signaux, il résulte qu'un *signalman* ne peut faire des signaux qui se contredisent. S'il ouvre la voie par un signal, il ouvre en même temps l'aiguille qui lui correspond. S'il ramène l'aiguille à sa position première, le signal indique que la voie est fermée. La solidarité entre les aiguilles et les signaux est due à des enclanchements d'un système particulier. De là le nom d'*Interlocking System*, du verbe anglais : *fermer à verrou.*

Les appareils télégraphiques dont dispose un *signalman* se composent :

1º D'un télégraphe à signaux qui a deux indications : *Voie libre* et *Train sur la voie*;

2º D'un appareil à sonnerie qui signale, par un nombre de coups déterminé, la nature du train;

3º D'un télégraphe ordinaire dont on ne se sert généralement que lorsque les autres font défaut.

Chaque station intermédiaire a ces trois appareils en double, le *signalman* devant être en communication avec la station *arrière* et avec la station *avant*.

En annonçant le départ d'un train, le *signalman* indique sa nature au moyen de l'appareil à sonnerie. Dès que le train a dépassé la station, le *signalman* ferme la voie derrière lui, pour ne la rouvrir que lorsque son collègue de la station vers laquelle se dirige le train indique à son tour que le train **a** quitté sa gare.

Par nature de train on entend celle du service que fait le train : *Inner circle, Middle circle, Outer circle*, etc. Nous dirons plus loin ce que sont ces services, dont les locomotives portent à l'avant des feux différents et le nom inscrit en grosses lettres sur la traverse de tête.

Le *Bloc System*, tel qu'il est installé sur les Métropolitains, permet l'expédition de trains toutes les trois minutes. Il est inutile de faire remarquer que pour obtenir un pareil résultat, il faut que la vitesse soit la même pour tous les trains qui circulent sur les voies des deux Compagnies. L'écart entre les départs est parfois réduit à deux minutes sur les New Lines ;

il en est de même sur quelques autres lignes de Londres telles que le Metropolitan Extension.

La vitesse actuelle des trains des Métropolitains est de $17^k,970$, arrêts compris, soit en chiffres ronds 18 kilomètres. La vitesse en pleine marche est de 32 kilomètres et les mécaniciens ne doivent jamais dépasser 40 kilomètres à l'heure. Mais, en réalité, à cause des ralentissements et de la mise en marche qui réduisent la vitesse de moitié sur un parcours d'environ 200 mètres dans chaque sens, il ne faut pas compter sur une vitesse de marche effective de plus de 24 kilomètres. Elle ne s'élève à 32 kilomètres que dans les sections de la banlieue où les stations sont distantes d'au moins 1 kilomètre.

L'arrêt aux stations ne dépasse pas 30 à 40 secondes. Dans les petites stations il est même beaucoup moindre, et nous avons constaté à plusieurs reprises qu'à celle du Temple, sur le District, elle n'était pas supérieure à 15 secondes, *un quart de minute !*

Plusieurs dispositions permettent d'abréger la durée des stationnements.

La composition des trains étant toujours la même, il arrive que les voitures de chaque classe s'arrêtent à la même hauteur des quais. Suivant le sens de la marche, celles de 3e classe sont tantôt en tête, tantôt en queue, celles de première classe étant placées au milieu. Des écriteaux très apparents indiquent, pour chaque quai, ces points d'arrêt. C'est là que se groupent les voyageurs suivant la classe de leur billet. Nous avons remarqué bien souvent dans les petites stations que ceux qui ne se conforment pas aux indications de la Compagnie, n'ont pas le temps de monter dans le train. Il faut reconnaître d'ailleurs qu'avec la disposition des quais et l'éclairage si brillant des gares[1], on prend bien vite l'habitude de monter dans un train ou d'en descendre dans quelques secondes. L'encombrement se produit très rarement sur les quais, parce que les trains ne se composent que de cinq voitures de différentes

1. Sur le Metropolitan on se sert de la lumière électrique. Voir à ce sujet l'*Année électrique*, de M. Delahaye, publiée par la librairie Baudry et Cie.

classes, qui contiennent généralement trois cent-cinquante places dont la moitié seulement est occupée.

Le poids moyen des trains étant de 92 tonnes, on voit que les machines de 42 tonnes à vide peuvent facilement les remorquer dans les conditions les plus défavorables du parcours en souterrain.

Les tarifs des deux Métropolitains ont été abaissés, puis relevés à plusieurs reprises. Ce sont là les résultats de la concurrence en matière de transports. Il est à remarquer que toutes les fois qu'il y a eu réduction dans le prix des places, il y a eu augmentation sensible dans le nombre des voyageurs.

Sur le Metropolitan, pour des parcours au-dessous de 2 kilomètres et demi, les tarifs varient de 30 à 60 centimes en première classe ; de 20 à 40 centimes en deuxième classe et de 10 à 15 centimes en troisième classe. De 2 kilomètres et demi à 5 kilomètres, on perçoit : 60 centimes en première classe ; 40 centimes en deuxième classe et 20, 25 et 30 centimes en troisième classe. Enfin, de 5 à 12 kilomètres, les prix sont de 80 centimes en première classe ; 60 centimes en deuxième classe et de 35 ou 40 centimes en troisième classe.

Les billets d'aller et retour, délivrés aux voyageurs de première et de deuxième classes, jouissent d'une certaine réduction qui n'est applicable à ceux de la troisième classe que pour des parcours dépassant 4 kilomètres et demi. Dans ce cas le tarif est de 50 centimes, au-dessous de 4 kilomètres et demi, les prix pleins sont appliqués.

On voit par les chiffres qui précèdent combien les tarifs sont élevés pour les petits parcours, et combien ceux de nos omnibus et tramways parisiens sont plus avantageux, excepté toutefois pour des parcours au-dessous de 2 kilomètres en troisième classe. Sur le District, les tarifs sont moins élevés pour des trajets de 1 à 4 kilomètres en deuxième et en troisième classes. Cela tient à la concurrence des bateaux-omnibus qui marchent parallèlement à la voie ferrée, et dont les tarifs ne sont que de 10 et 20 centimes, suivant les escales. Ajoutons, toutefois, que sur les deux Métropolitains, depuis l'achèvement de l'Inner Circle, les tarifs ont été révisés et, dans certains cas, considérablement réduits. Pour quelques stations placées à égale distance, les porteurs de billets spéciaux ont la faculté de voyager par les deux directions, de l'Est à l'Ouest ou de l'Ouest à l'Est, c'est-à-dire par l'*Inner rail* (Est-Ouest) ou par l'*Outer rail* (Ouest-Est).

Les ouvriers qui prennent le matin les trains qui leur sont affectés (*Workmen Trains*) ont droit à des billets de troisième classe, aller et retour, aux prix suivants :

De la Tour de Londres à Mansion House par le N.-O. 0 f. 45.

De Gloucester ou de Bishop's Road à Mansion House. 0 f. 25.

Les faibles recettes provenant des billets d'ouvriers sur les deux Métropolitains, tendraient à prouver que, contrairement à l'opinion de quelques personnes, le *Metropolitan et le District n'ont pas été faits spécialement en vue des travailleurs!*

Le Metropolitan et le District délivrent des abonnements qui sont valables, soit sur l'une ou l'autre ligne, soit sur les deux.

Les abonnements communs, dits *Joint Season Tickets*, sont mis à la disposition du public aux prix suivants :

Pour une période de	1 mois en 1re classe :	43 fr. 75	et en 2e classe	31 fr. 25.
—	3	112 50	—	81 25.
—	6	212 50	—	143 75.
—	12	300 00	—	262 50.

Les Compagnies du Great Western, du Great Northern, du Midland et du Chatam, délivrent de leur côté des cartes d'abonnement, qui donnent droit au parcours sur leurs lignes de banlieue et sur les sections du Metropolitan desservies par leurs trains.

Des abonnements à moitié prix sont délivrés pour 3, 6 ou 9 mois aux enfants au-dessous de 15 ans, aux maîtres d'école, aux écoliers, aux étudiants en médecine, aux élèves des Beaux-Arts, aux apprentis, en un mot, à tous les jeunes gens au-dessous de 18 ans qui apprennent un état ou se préparent à une profession. Ces abonnements ne sont délivrés que sur le vu d'un certificat du maître d'école, du principal du collège ou des patrons.

Les billets et les abonnements dont nous venons de parler,

sont délivrés par toutes les stations et par les deux bureaux de ville de **Regent's Circus** et de **Piccadilly Circus**, qui sont assimilés à des gares. Un important service d'omnibus à trois chevaux, créé par le Metropolitan dès l'ouverture de sa première section, relie toutes les 6 minutes les deux bureaux à sa station de Portland Road (*c*, 9) et (*h*, 94).

Le Metropolitan transporte la messagerie, les chevaux, les voitures, les bestiaux et les marchandises de toute nature. Les recettes de la grande et de la petite vitesse, non compris celles des voyageurs, ont donné 800 000 francs en 1883.

Les articles de messagerie font l'objet d'un service spécial confié à une entreprise de factage dite *Flack's Express Parcels delivery Company* qui accepte des colis pour toutes les stations de Metropolitan et de ses embranchements et les livre dans le rayon d'un mille (1 609 mètres), à des conditions avantageuses pour le commerce. Le District est affecté spécialement au transport des voyageurs.

En se développant hors du West-End et de la Cité, les Métropolitains ont vu leur prix kilométrique de premier établissement diminuer sensiblement.

En 1877, d'après M. Huet, il s'élevait pour le Metropolitan à 10 436 390 francs, qui se décomposaient ainsi :

Acquisitions de terrains et indemnités. . 5 741 850 fr.

Terrassements et ouvrages d'art. 3 983 410

Frais généraux. 711 130

On voit par ces chiffres que les dépenses des terrassements et des ouvrages d'art, ainsi que les frais généraux, ont atteint 4 694 540 francs. Si par la revente des terrains le prix total dépensé par kilomètre s'est abaissé, celui des travaux n'a pas changé. D'où il faut conclure que pour la partie circulaire on a dépensé dans la construction et l'outillage de la ligne plus de 4 millions et demi par kilomètre. Le District a coûté de deux à trois cent mille francs de moins par kilomètre que le Metropolitan. Les différentes extensions de Harrow, Ealing, Acton, Hounslow, Fulham, ont abaissé notablement pour les deux Compagnies la dépense kilométrique de premier établissement.

Depuis que la lacune qui existait entre les deux Métropolitains a disparu, leur exploitation s'est beaucoup étendue à l'extérieur, et leurs relations avec la banlieue ont sensiblement augmenté.

Le Metropolitan est relié directement, comme nous l'avons dit :

1° Au Great Eastern, à la station de Bishopsgate ;

2° Au Great Northern et au Midland, par les New Lines et la station de King's Cross ;

3° Au London, Chatam and Dover, par les gares de Farringdon Street et d'Aldersgate Street ;

4° Au Great Western, par le raccordement de Bishop's Road.

Il se rattache, ainsi que le District, à tout le réseau de l'Ouest par Earl's Court et à l'East London par la branche de Whitechapel (*i*, 46). Le réseau circulaire est, en outre, en communication avec les gares de raccordement que nous venons de citer et avec celles de Victoria (Pimlico) et de Cannon Street (South Eastern), par des passages couverts indépendants.

Les jonctions par rails, en vertu des conventions passées avec les compagnies voisines pour l'usage de leurs lignes (voir Annexe n° 1), permettent aux Métropolitains la circulation de trains partant de certaines de leurs gares et desservant la banlieue de Londres dans un rayon de 30 kilomètres.

Malgré l'achèvement du circuit, les deux Compagnies ont conservé leur tête de ligne : Aldgate pour le Metropolitan et Mansion House pour le District. L'aménagement de ces deux gares a reçu d'importantes améliorations.

L'exploitation des Métropolitains comprend plusieurs services dont le plus important, 1° celui de l'Inner Circle (Circulaire), est fait alternativement par les deux Compagnies. Les trains du Metropolitan vont de Mansion House à Mansion House par Cannon'Street, le Monument, Mark Lane, etc., tandis que ceux du District se dirigent d'Aldgate vers Aldgate par Mark Lane, le Monument, Cannon Street, etc. La durée du parcours circulaire est de 81 minutes, et les départs ont lieu toutes les 10 minutes.

2° Le service du Middle Circle (Cercle intermédiaire) est fait par le Great Western. Il part de Mansion House et, se dirigeant de l'Est à l'Ouest, quitte la ligne circulaire à Gloucester Road, gagne par Earl's Court le West London, emprunte à Latimer Road (*f*, 21) l'embranchement d'Hammersmith and City et arrive à Aldgate (*i*, 2).

3° Le service de l'Outer Circle (Cercle extérieur) fait par le London and North Western. Même point de départ que le précédent et même parcours jusqu'à sa jonction avec le West London qu'il suit jusqu'à Willesden Junction, sur le North Western. A partir de cette station il emprunte l'Hampstead Junction (*a*, *b*, *c*) et arrive par le North London (*c*, *d*, *i*) dans la gare de Broad street (*i*, 77), à quelques pas de la station métropolitaine de Bishopsgate (*i*, 3).

Dans l'hypothèse du réseau de Londres appliqué à Paris, l'Inner Circle correspondrait au parcours de la Bastille à la Bastille, en suivant l'ellipse dans son entier.

Le service du Middle Circle aurait le même point de départ que le précédent, mais il rejoindrait, par un embranchement reliant la partie circulaire à la Porte-Dauphine, le chemin de fer d'Auteuil qu'il suivrait jusqu'à la gare Saint-Lazare, et il reviendrait à la Bastille par la partie nord de l'ellipse.

Quant au service de l'Outer Circle, on peut s'en faire une idée en supposant que le précédent quitte la ligne d'Auteuil à Courcelles pour suivre la Ceinture (RD) jusqu'à son raccordement avec le Nord et arriver sur les rails de cette compagnie dans la gare de la place Roubaix.

Aux services qui précèdent il nous faut ajouter les suivants :

4° De New Cross à Hammersmith.

Le district important d'Hammersmith est desservi plusieurs fois par heure par les trains directs des deux Compagnies qui passent, en quittant le raccordement de Whitechapel, les uns par Aldgate Street, Bishop's Road, et l'Hammersmith and City, les autres par Mansion House, Earl's Court et l'Hammersmith Extension (*f*, 79). Les deux Métropolitains ayant le droit de parcours sur le London and South Western à partir d'Hammersmith, font, en outre, circuler leurs trains directs sur les rails de cette Compagnie jusqu'à Kew Gardens et Richmond.

5° De New Cross à Ealing, Acton, etc.

Le District dessert deux fois par heure, par des trains directs, Ealing, Acton, Hounslow, etc.

6° De Baker Street à Harrow.

Le service de la ligne de Harrow est fait par une correspondance établie plusieurs fois par heure entre les trains circulaires et ceux de l'embranchement de Baker Street (*c*, 10) à Harrow.

7° De New Cross à Putney Bridge (*l*, 93).

L'embranchement de West Brompton à Putney Bridge est exploité par le District. Le Metropolitan a, de son côté, un service qui part toutes les demi-heures de la station de Kensington (High Street) pour la même destination.

Tous les services que nous venons d'indiquer et qui constituent l'ensemble de l'exploitation des Métropolitains, comprennent des voitures des trois classes et s'arrêtent à toutes les stations. Les premiers trains commencent à circuler entre 5 et 6 heures du matin, été et hiver, et les derniers partent rarement après minuit.

Le mouvement des trains est tel sur la ligne circulaire qu'entre Aldgate Street et Bishop's Road, d'une part, et Mansion House et South Kensington, de l'autre, il y a un passage de train dans chaque direction toutes les 3 ou 4 minutes.

Le capital du Metropolitan s'élevait à la fin de 1883 à 297 952 825 francs dont le tiers environ est représenté par des obligations et des titres d'emprunt et le restant par des actions ordinaires, de préférence, différées, etc.

Les recettes du trafic (voyageurs, marchandises, chevaux, voitures, bestiaux et charbons), les redevances payées par les compagnies qui se servent du Metropolitan, les loyers des buffets, le fermage des annonces, etc., ont, en 1883, donné 15 094 200 fr., soit environ 304 900 fr. par kilomètre. Le nombre des voyageurs par kilomètre a atteint le chiffre de 1 499 100. Les dépenses n'ont pas dépassé 6 014 175 francs, c'est-à-dire les 40 pour cent de la recette brute.

Après avoir payé les intérêts des emprunts et des obligations, il est resté une somme suffisante, non seulement pour servir l'intérêt de 4 pour cent aux actions de préférence, mais pour distribuer un dividende de 5 pour cent aux actions ordinaires.

Le capital du District était à la fin de 1883 de 192 361 100 fr. qui sont représentés par des actions de toutes sortes, des obligations et des titres d'emprunts. Les actions représentent un peu plus des deux tiers du capital.

Le nombre des voyageurs transportés par le District a été, en 1883, de 36 388 542 et les recettes de toutes natures n'ont pas dépassé 10 032 625 francs. Ces résultats sont moins brillants que ceux qu'a donnés le Metropolitan, mais il ne faut pas perdre de vue que le réseau du District dans le West End et la Cité est la moitié environ de celui du Metropolitan, et que dans le parcours des quais de la Tamise son trafic est forcément réduit.

En 1883, cependant, le District a vu sa situation financière s'améliorer. Dans le deuxième semestre les recettes ont augmenté de 650 000 fr. Cette augmentation doit être attribuée au mouvement exceptionnel de voyageurs qu'a provoqué l'Exposition des Engins de pêche à South Kensington. En même temps, les dépenses ont diminué de 5 pour cent et les frais d'exploitation n'ont pas dépassé les 42 pour cent de la recette brute. C'est un beau résultat. Aussi le District a-t-il pu cette année payer pour la première fois, croyons-nous, non seulement l'intérêt des obligations mais celui des actions de préférence qui est de cinq pour cent.

Nous aurions encore beaucoup à dire sur les Métropolitains de Londres, sur leurs extensions, en construction ou en projet, soit dans la ville, soit dans la banlieue, mais il faudrait pour cela donner à cette brochure un développement qu'elle ne comporte pas. Il nous reste, d'ailleurs, à parler des différentes lignes à ciel ouvert qui contribuent avec les Métropolitains à desservir Londres et ses environs.

Ce réseau se compose de lignes affectées autrefois à des services de marchandises, telles que le North London, le West London, etc.; de tronçons de grandes lignes compris dans le périmètre de Londres, tels que ceux de Charing Cross à Cannon Street, au South Eastern, et de King's Cross à Kentish Town, au Midland; du Metropolitan Extension, au London,

Chatam and Dover, etc.; de lignes circulaires d'autant plus rapprochées que les quartiers à desservir ont plus de trafic, telles sont les trois lignes concentriques de Victoria à London Bridge, par la rive droite, exploitées par le Brighton, et, enfin, des *Junction Railways* tels que l'Hampstead Junction, le North and South Western Junction, etc.

Quelques mots sur ces lignes de raccordement qui jouent un rôle important dans l'exploitation des chemins de fer en Angleterre.

A côté du droit de parcours qu'obtiennent certaines compagnies sur le réseau voisin, il y a l'exploitation en commun des lignes de raccordement dites *Junction Railways*, soudant un réseau à un autre et construits le plus souvent par des sociétés d'entrepreneurs.

Les Junction Railways sont généralement courts, quelques milles à peine. Ces opérations sont parfois très fructueuses. Les grandes Compagnies les afferment, les exploitent ou les achètent en participation avec d'autres qui ont les mêmes besoins qu'elles. Telle est la petite ligne de Battersea Park à la gare de Victoria et la gare de ce nom construites par une Compagnie au prix de 25 millions de francs, et qui sont affermées, moitié par le Great Western et le Chatam et moitié par le Brighton et le London and North Western. Les Junction Railways ont permis de raccorder les voies des différentes compagnies sur quatre points importants de Londres qui sont :

Au Nord-Est : Stratford Junction (*e*); au Nord-Ouest : Willesden Junction (*d*); au Sud-Ouest : Clapham Junction (*l*); au Sud-Est : New Cross Junction (*o*).

Ces raccordements en permettant le passage des trains des lignes au-dessus du sol (*High level lines*) sur les lignes au-dessous (*Low level lines*), rendent possibles des combinaisons de trains extrêmement variées, soit sans changement de voitures, soit le plus souvent en rejoignant à pied une gare placée au-dessus ou au-dessous de celle où l'on quitte le train.

Les communications d'une gare à l'autre ont lieu, en général, par des passages couverts comme on en trouve des modèles sur la Ceinture de Paris. Mais, pour de courts trajets, on perd souvent à changer de train et à attendre la correspondance le temps que l'on croyait gagner en prenant la voie ferrée de préférence aux tramways ou aux bateaux à vapeur.

Comme les Anglais attachent beaucoup d'importance à changer le moins possible de voiture, les compagnies ont cherché à diminuer les transbordements. Elles y sont arrivées pour beaucoup d'embranchements en détachant aux gares de *Junction* de grandes voitures mixtes qui comprennent les trois classes et un fourgon à bagages. Cette manœuvre, fort usitée aujourd'hui sur la plupart des lignes anglaises, est désignée dans les livrets de voyageurs par le mot de *Slip* (littéralement *glissade*).

Parmi les lignes métropolitaines qui forment les rayons du réseau central du Metropolitan et du District, il faut citer en première ligne le Metropolitan Extension, l'East London, le Great Eastern, le South London, etc.

Le Metropolitan Extension marche parallèlement à la ligne principale du Chatam, du raccordement de Brixton (*m*, 67) à Ludgate Hill (*h*, 60) et Holborn viaduc (*h*, 61) (Cité). Il se soude à Brixton à la branche de Victoria (Pimlico). Ce chemin comprend treize gares sur un parcours de 13 kilomètres. Il met en communication le réseau du Sud avec le réseau Métropolitain et celui du Nord. Il donne passage aux trains directs du Chatam, du Great Northern et du Midland, qui permettent aux voyageurs de traverser Londres, du Sud au Nord, sans changement de voitures. Le nombre des trains parcourant cette ligne dans chaque sens est de 175 par jour. Quelques-uns se suivent à deux minutes d'intervalle aux heures où les voies de la grande ligne étant libres, on peut les utiliser conjointement avec celles de la ligne locale qui lui est juxtaposée.

L'East London (*i*), est une petite ligne de 13 kilomètres qui réunit les chemins de fer de l'Est et du Sud de Londres au moyen de l'ancien tunnel de Brunel creusé sous la Tamise. Elle se soude à New Cross Junction (*o*), au Brighton, au South London, au South Eastern et au North Kent. Elles devient souterraine entre le Southwark Park (*i*, 78) et les Surrey Commercial docks (*j*), passe sous un des bassins des London Docks (*i*, 80), et reparait à ciel ouvert près de Whitechapel (*i*, 46) pour

se raccorder au Great Eastern et entrer avec lui dans Liverpool
Street. Ce n'est que depuis quelques mois que l'East London
est relié au réseau Métropolitain par l'embranchement de
Whitechapel. Ce raccordement assure à cette petite ligne dans
un avenir prochain un trafic égal à celui des meilleures lignes
de Londres. En attendant, l'East London dessert, comme le
Great Eastern, les quartiers les plus populeux de la Métropole,
ceux où domine la classe ouvrière : New Cross, Deptford, Ro-
therhite, Wapping, etc.

Suivant acte du 10 août 1882, cette ligne est affermée à
perpétuité au Brighton, au South Eastern, au District, au
Metropolitan et au Chatam, moyennant un minimum de
750 000 fr. par an. Le fermage n'aura son effet que lorsque le
raccordement avec les Métropolitains sera complètement terminé. L'exploitation est faite provisoirement par le Brighton
dont les trains partent plusieurs fois par heure de Peckham
Rye (n, 59), sur le South London. De 5 h. 18 du matin à
11 h. 32 du soir, il y a sur l'East London un mouvement de
93 trains dans chaque sens dont 16, appartenant au South Eastern, vont à Croydon. Les sommes dépensées jusqu'à ce jour
pour la construction de cette ligne font ressortir le prix du
kilomètre à plus de 7 millions de francs. Le tunnel de Brunel,
qui avait coûté à creuser près de 47 millions, n'a été payé que
5 millions par l'East London.

Ce que nous venons de dire du trafic de l'East London peut
s'appliquer à la partie urbaine du Great Eastern qui est reliée
depuis longtemps au réseau circulaire, mais dont la soudure
par rails n'a pas encore été utilisée pour le transport des voyageurs. C'est, en effet, le Great Eastern qui dessert les quartiers
populeux et commerçants de l'Est et ses différentes lignes pénètrent dans cette partie de la banlieue de Londres où résident
les ouvriers des usines, des ateliers et des docks de Whitechapel, de Stratford, de Blaskwall (j, 52) et de Plaistow. Pour faciliter ces déplacements, la Compagnie délivre des billets de
troisième classe valables pour l'aller et le retour dans la journée, à des prix variables suivant la distance, mais qui ne
dépassent pas 40 centimes pour des parcours journaliers de 18
à 20 kilomètres. De Fenchurch Street (i, 49) à Blackwall, les

départs ont lieu tous les quarts d'heure. Ils sont plus fréquents entre Liverpool Street (*i*, 47) et Bethnal Green (*d*, 50), et à certaines heures les trains sont aussi nombreux sur cette section que sur le North London, de Broad Street à Dalston.

La Compagnie du London, Brighton and South Coast Railway a, dans Londres et ses faubourgs, un réseau de lignes urbaines et suburbaines dont le trafic de voyageurs est considérable pendant la belle saison. Laissant de côté les services sur Croydon, à 16 kilomètres de Londres, point de raccordement très important où les voyageurs allant à Londres changent de trains suivant qu'ils se dirigent sur London Bridge, Victoria ou Kensington, nous ne parlerons que de la ligne métropolitaine de Victoria à London Bridge, connue sous le nom de South London.

Cette ligne n'a qu'une longueur de 14 kilomètres. Elle dessert de Brixton à Victoria les mêmes localités que le Metropolitan Extension. Ces deux lignes traversent des quartiers populeux où la circulation est très active et qui ont des rapports fréquents avec la Cité et le West End. Peckham, Elephant Castle, Walworth, Camberwell, Brixton, Stockwell, Clapham, sont des points de départ de nombreuses lignes de tramways et d'omnibus qui traversent la Tamise et font le trajet entre le Sud et le Nord. C'est à Peckham Rye, station du South London, qu'est actuellement, comme nous venons de le dire, le terminus de l'East London.

Le Brighton et le Chatam ont un service très actif de trains entre leurs gares de la Cité et du West End et celles du haut et du bas du Palais de Cristal, à 25 minutes de London Bridge et à 35 minutes de Victoria. Par suite d'accord entre les deux Compagnies, les billets d'aller et retour comprenant l'entrée dans le Palais et les Jardins sont valables, au choix du voyageur, sur les deux réseaux. La délivrance de ces billets, dont le bon marché attire les jours de fête un nombreux public à Sydenham, s'étend aux principales gares des Métropolitains et des différentes lignes reliées au Chatam ou au Brighton.

Le Midland, le Great Northern et le Great Western ont une circulation considérable de voyageurs entre les gares des

Métropolitains qu'ils desservent directement et les banlieues du Nord et de l'Ouest.

Le Midland n'a pas de services urbains proprement dits, mais sa banlieue est largement desservie par 98 trains partant journellement de la Cité pour Kentish Town, où s'arrêtent presque tous ses trains de grande ligne.

Sur ce nombre, 47 correspondent avec les trains du Chatam venant de Victoria, et 14 seulement appartenant au Midlande, traversent Londres, de Victoria à Kentish Town, sans changement de voiture. C'est à Victoria (Pimlico) que le Midland correspond avec les grands trains du Chatam et du Brighton venant du Sud. C'est à Victoria (District) qu'il communique avec la ligne de Mansion House.

Le Great Northern n'a pas non plus de services urbains, mais ceux de sa banlieue donnent lieu à un mouvement important de trains. De Finsbury Park se détachent à gauche de la grande ligne d'York les embranchements d'Alexandra Palace, de High Barnet et d'Edgware, et à droite, celui d'Enfield. Toutes ces lignes sont desservies dans chaque sens par 192 trains, qui passent tous par la gare de Finsbury Park, en provenance ou en destination de Victoria, de Crystal Palace, de Woolwich, de London Bridge et de Broad Street.

La gare de Finsbury Park est au Great Northern ce qu'es celle de Kentish Town au Midland.

Les services urbains du Great Western sont faits, comme nous l'avons vu, conjointement avec les deux Métropolitains. Ils ne présentent rien de particulier.

En dehors des lignes métropolitaines reliées directement au Réseau central, nous en citerons deux qui ne communiquent avec lui que par des passages couverts et qui ont un trafic important; nous voulons parler du North London et de la section du South Eastern, de Charing Cross à Cannon Street.

Le North London date de 1846; jusqu'à 1853, il a été exclusivement affecté aux transports de petite vitesse des West India Docks à la gare des marchandises du North Western, à Camden Town.

Le North London part de Poplar (*j*, 53), près de Blackwall,

se dirige vers le Nord par Bow et Victoria Park, traverse Hac-
kney, Hommerton, Dalston et s'arrête à Chalk Farm, sur le
London and North Western. Il se raccorde au chemin de fer
de Blackwall, au Great Eastern, au Great Northern et à Willesden Junction par l'Hampstead Junction. Près de Dalston, le
North London pénètre dans la Cité jusqu'à Broad Street (*i*, 77),
où sa gare est voisine de celle du Great Eastern et en face de
celle de Bishopsgate du Metropolitan. Ce chemin est construit
en grande partie sur arcades et pourvu de quatre voies, de
Broad Street à Chalk Farm. Sa longueur est de 19 kilomètres
et demi.

Le London and North Western est actionnaire et obligataire
du North London pour une somme importante. Leurs intérêts
sont, par conséquent, les mêmes. Aussi les deux Compagnies sont-elles étroitement liées, et par leurs relations, qui
s'étendent sur tous les points de Londres, elles sont des concurrents sérieux pour le Metropolitan.

Le service du North London se fait en éventail. Tous ses
trains partent de Broad Street. A Dalston Junction (*d*, 74), les
uns vont à l'Est, les autres à l'Ouest. C'est à cette gare que
les voyageurs qui n'entrent pas dans la Cité changent de
voiture.

Les trains allant à l'Est correspondent à Stratford, par la
branche de Victoria Park, avec tous les trains du Great
Eastern; ceux qui vont à l'Ouest sont en relation à la gare de
Willesden avec les nombreux services du London and North
Western et de ses correspondants. Cette Compagnie fait éga-
lement partir des trains de Willesden pour Victoria, Waterloo,
Herne Hill et Croydon, établissant ainsi à Willesden une
correspondance entre ses trains montants et descendants et
certains trains de grande ligne des réseaux du Brighton, du
South Western, du South Eastern et du Chatam. On évite
ainsi aux voyageurs passant des lignes du Sud sur celles du
Nord-Ouest la traversée de Londres en voiture.

Des différents services du North London combinés avec
ceux du London and North Western, il résulte un départ
toutes les 5 minutes de Broad Street pour l'Est ou l'Ouest, non
compris les trains directs que le Great Northern expédie plu-

sieurs fois par heure de la Cité pour sa banlieue, en vertu du droit de circulation qu'il a sur le North London.

Les premiers trains du matin sont, comme sur toutes les lignes de Londres, consacrés au transport des ouvriers. Les abonnements à la semaine donnent, moyennant 1 schelling (1 fr. 25), le droit à l'aller et au retour entre deux stations quelconques du réseau.

Les recettes du North London sont fort belles. Elles se sont élevées pour l'année dernière à plus de 12 millions, soit environ 328,000 francs par kilomètre.

Les recettes de la petite vitesse figurent dans ce chiffre pour plus de la moitié. Les intérêts des obligations et un dividende de 7 1/2 pour cent pour les actions une fois payés, il est resté une somme de 115 250 francs à reporter à nouveau. Le North London a coûté près de 3 400 000 francs par kilomètre. Ce chiffre n'a rien d'exagéré, car il ne faut pas oublier que ce chemin a quatre voies sur plus de la moitié de son parcours, qu'il est établi en grande partie sur arcades en briques et qu'il pénètre au cœur de la Cité.

Le North London a une certaine analogie avec la Ceinture (R. D.) de Paris. Si l'on suppose à l'endroit où cette dernière ligne se raccorde avec les voies de l'Ouest, une gare d'échange, comme Chalk Farm, commune aux deux Compagnies, et une branche de la Ceinture arrivant sur le boulevard Bonne-Nouvelle, parallèlement au chemin de fer du Nord, on a une idée suffisante de ce qu'est le North London et des services qu'il peut rendre au public.

Le South Eastern, dont le terminus, commun au Brighton, était jadis à London Bridge, s'est intéressé, en 1859, pour 24 750 000 francs dans la construction de la ligne de London Bridge à Charing Cross avec raccordement ultérieur pénétrant dans la Cité, à Cannon Street. Cette petite ligne, qui n'a que trois kilomètres, traverse deux fois la Tamise. Elle a coûté, dit-on, avec les deux stations 75 millions de francs. C'est de toutes les lignes qui desservent le continent celle qui a dans Londres les terminus les mieux placés.

La ligne de Charing Cross à Cannon Street et à London Bridge communique avec le District par la gare souterraine établie récemment à Cannon street. Malgré son isolement des chemins de fer de la Métropole, il y a sur cette petite section du South Eastern un mouvement très actif de trains. A la bifurcation de Cannon Street sur Charing Cross et London Bridge, on compte un passage journalier de plus de 600 trains de grande ligne et de banlieue.

La route par le South Eastern, qui est à ciel ouvert, est la plus agréable pour aller du centre de la Cité aux quartiers commerçants du West End. Les quais des gares sont au niveau des rues, tandis qu'avec le District, qui dessert, comme le South Eastern, Cannon Street et Charing Cross, il faut descendre sous terre au départ et remonter six minutes après sur le quai de la Tamise. De là au Strand, il y a un parcours de 300 mètres à faire à pied.

Le mouvement des trains de grande ligne et de banlieue entre Charing Cross et Cannon Street est assez grand pour que le voyageur puisse compter avoir toutes les cinq minutes un train allant du West End à la Cité.

La gare de Cannon Street est une gare de rebroussement. Cette disposition ne laisse pas que de présenter des inconvénients pour le service de la grande ligne. Mais le Parlement ayant autorisé le South Eastern à construire un embranchement se détachant des voies des marchandises aux abords de la gare de Bricklayer's Arms (*i*, 87), et se reliant par des tronçons séparés aux gares de Cannon Street, de Charing Cross et de Blackfriars Bridge au London and Chatam, on pourra se dispenser dans quelques années de faire rebrousser les trains de Douvres pour pénétrer dans la Cité et le West End. Ainsi que cela a lieu sur le Chatam et le Brighton, les trains seront divisés en deux parties à la bifurcation : l'une se dirigeant sur Cannon Street et l'autre sur Charing Cross.

Le South Eastern dessert Greenwich, Woolwich et Gravesend plus fréquemment, et surtout plus régulièrement, que le Great Eastern et les vapeurs de la Tamise. Le voyageur arrive directement dans ces localités sans être obligé de traverser le fleuve dans les ferryboats, dont le service cesse à la nuit et par les temps de brouillard.

La gare de Waterloo (*h*, 69), terminus du London and South

Western, communique avec la ligne de Charing Cross, mais
le voyageur a un court trajet à faire à pied pour prendre les
trains du South Eastern. La disposition de cette gare ne se
prête pas à un échange de trains entre les deux Compagnies.
Quoiqu'il y ait un mouvement important de trains entre la
gare de Waterloo et celles du Wauxhall et de Clapham Junction, le trafic local du South Western ne peut être comparé
à celui des lignes voisines. Aux deux services d'omnibus qui
desservaient ces quartiers et les mettaient en communication
avec l'intérieur de Londres, une compagnie nouvelle de
tramways dite du *South London* vient d'ajouter plusieurs
lignes dont l'une, parallèle au South Western, se raccorde au
réseau des London Tramways, près de Westminster Bridge.
Un tarif uniforme de 10 centimes dans ces quartiers ouvriers
doit lui amener des voyageurs en grand nombre.

Enfin, pour faciliter encore les communications entre le
West End et le quartier de Waterloo, MM. Siemens frères ont
obtenu la concession d'un chemin de fer électrique partant de
Trafalgar Square, suivant Northumberland Avenue, passant
sous la Tamise et arrivant par College Street et Wine Street au
niveau de la gare de Waterloo, avec terminus séparé aux
environs d'York Road.

Sans attendre la construction du chemin de fer électrique de
MM. Siemens, la Compagnie du South Western a obtenu
l'autorisation de construire une gare d'arrivée à South Kensington, à quelques pas de celle du District.

Enfin, la petite ligne locale désignée sous le nom de London,
Tilbury and Southend Railway, qui se relie au Great Eastern et
au North London et a pour point de départ dans la Cité la gare
de Fenchurch Street, dessert cette partie de la banlieue de
l'Est qui s'étend entre Bromley et Barking. La Compagnie a
installé à Thames Haven, à l'embouchure de la Tamise, des
quais de débarquement pour les bestiaux venant du continent.
Le raccordement du Great Eastern et du Metropolitan à la
gare de Bishopsgate, lui permet de faire arriver directement
ses wagons sur les voies du marché central à la viande de
Smithfield (*i*, 94.)

En dehors de leurs grandes gares aux marchandises placées

à proximité des terminus, les compagnies anglaises ont souvent dans l'intérieur de Londres des succursales de ces gares, isolées ou contiguës aux stations de voyageurs. Ainsi, à Broad Street, le North Western a profité du sous-sol de la gare du North London pour y installer un service de marchandises. La manutention a lieu au rez de chaussée, où les wagons sont descendus à l'aide d'élévateurs hydrauliques et d'où on les remonte de la même manière au niveau des quais pour former des trains. Le North Western a, à lui seul, cinq gares de ce genre; le Great Northern en possède autant et l'une d'elles est située près de la station de Farringdon Street. Le sous-sol de l'important marché de Smithfield forme, comme nous l'avons vu, la gare aux marchandises du Great Western. La cherté du terrain dans l'intérieur de Londres ne permet pas de donner un grand développement aux gares de petite vitesse, mais on sait qu'en Angleterre les marchandises ne séjournent pas généralement dans les dépôts. Elles sont expédiées le jour même de leur remise et livrées à domicile quelques heures après leur arrivée. Les compagnies n'admettent, au reste, dans leurs succursales de Londres, que le trafic de domicile à domicile et les colis de détail d'une manutention facile. Leurs camions seuls y pénètrent, et l'octroi y est chose inconnue.

Malgré les dépenses considérables que nécessitent l'achat des terrains, les constructions et l'outillage de ces gares, les compagnies font les plus grands sacrifices pour amener directement les marchandises dans les centres commerciaux et réduire autant que possible le parcours des camions. On utilise à cet effet les lignes urbaines de Londres au moment où cesse le service des voyageurs. On gagne ainsi du temps; ce que les Anglais ne négligent jamais de faire même pour des transports de petite vitesse.

Tel est l'ensemble des services urbains et suburbains qu'offre au public le réseau des chemins de fer de Londres, construits au-dessus ou au-dessous du sol. La construction des Métropolitains a permis aux neuf grandes compagnies qui ont leur point de départ dans la Métropole, de faire arriver leurs trains de grande ligne et de banlieue au centre même du

West End et de la Cité. Le nombre des gares dont elles ont
l'usage en vertu des conventions qu'elles ont passées entre
elles ou avec les Métropolitains, est aujourd'hui de 50, savoir :
19 dans le West End et 31 dans la Cité. C'est ainsi qu'un habitant de Camberwell peut se rendre directement en chemin
de fer à Finsbury Park, de même qu'un habitant de Montrouge
pourrait aller à Enghien par la ligne du Nord, si la gare de
la place de Roubaix était reliée au sud de Paris par le petit
axe du futur Métropolitain.

On pourra, au reste, se faire une idée de l'importance de la
circulation sur les chemins de fer de Londres, quand on saura
qu'il y a journellement dans les gares de la Cité et du West
End un mouvement de plus de 3 400 *trains de voyageurs !*

Une pareille circulation ne serait pas sans danger, si elle
avait lieu sur les voies sillonnées à chaque instant par les
trains de grande ligne marchant à des vitesses différentes et
se croisant au même niveau. Mais toutes les compagnies qui
desservent en même temps la ville et la province, ont des voies
affectées à ce que les Anglais appellent le *local service* et les
croisements se font à des niveaux différents, comme cela
existe entre la Chapelle et la gare de Saint-Denis, sur le Nord.
La vitesse des trains y étant uniforme et leur marche protégée
par des signaux de toute nature multipliés aux endroits difficiles à franchir, les accidents sont très rares. On n'a qu'à redouter des retards aux points nombreux de correspondance :
mais la fréquence des départs en atténue le plus souvent les
inconvénients.

La disposition des bifurcations avec gares séparées en haut
et en bas rend les collisions presque impossibles, évite les
retards et permet avec l'emploi du *Bloc System* l'expédition
d'un plus grand nombre de trains. C'est à la multiplicité des
départs qu'il faut attribuer le petit nombre de véhicules qui
composent les trains des voies ferrées de Londres et de ses
environs. Le peu de longueur des quais des gares intermédiaires ne permettrait pas le stationnement des trains de 18 à
24 voitures de l'Ouest français. Sur la plupart des lignes les
additions de voitures sont des cas extrêmement rares. Les
trains circulent toute la journée avec la même composition.

Ce système économise le personnel préposé aux manœuvres et fait gagner du.temps.

Ce n'est que dans de pareilles conditions qu'une circulation aussi active est possible sur les chemins de fer de Londres. Mais il faut bien le reconnaître, avec un service aussi compliqué, les erreurs de destination sont fréquentes, surtout aux gares où le voyageur doit changer de train. Malgré les indications données au public par les compagnies, malgré les nombreux livrets que publient les fabricants de guides, il est souvent bien difficile au voyageur de pouvoir s'orienter.

C'est à Londres surtout qu'il est facile de se rendre compte de l'influence que la multiplicité des moyens de transport en commun exerce sur le déplacement de la population.

Les chemins de fer sont loin d'avoir fait disparaître les anciens moyens de transport. Les lignes d'omnibus sont plus nombreuses que jamais, et celles qui desservaient Londres, il y a plus de quarante ans, existent toujours. Seulement, là où elles ont à lutter contre les chemins de fer ou contre les tramways, le nombre des voyageurs a forcément diminué et les départs sont moins fréquents.

L'impôt sur les chemins de fer ne frappant pas les omnibus, les tramways et les bateaux à vapeur, ces moyens de transport peuvent lutter avec avantage contre leurs puissants concurrents. A la suite de nömbreuses réclamations de la part des compagnies de chemins de fer, le Parlement s'est décidé, sur la proposition du Chancelier de l'Échiquier, à supprimer l'année dernière l'impôt sur les billets à un penny ou inférieur à un penny par mille (0,064 par kilomètre). Quant à ceux qui dépassent ce chiffre, ils continuent à supporter la taxe, ainsi que les billets d'aller et retour et les abonnements pour tous les parcours où le voyage simple coûte plus d'un penny par mille.

« Pour les perceptions qui atteignent ou dépassent cette limite, et qui subissent aujourd'hui un impôt de 4 pour cent, la loi nouvelle réduit cet impôt à 2 pour cent, dans certains périmètres ou territoires qui devront contenir au moins 100 000 habitants, les dits territoires devant être classés, par décision du *Board of trade*, dans une catégorie à nommer *districts urbains.* » (Circulaire du *Board of trade* aux Compagnies de chemins de fer.)

« L'article 3 de la loi, ajoute la circulaire, établit que l'exonération de l'impôt aura pour condition des avantages suffisants à accorder par la Compagnie sous forme de réduction de prix à un penny par mille, ou au-dessous, pour les voyageurs, et sous forme de trains spéciaux dits *d'ouvriers* devant circuler après 6 heures du soir ou avant 8 heures du matin. Le *Board* sera juge de la convenance des prix perçus, ainsi que du tableau de la marche des trains, et, après enquête, s'il est établi que la Compagnie a pris des mesures insuffisantes, elle perdra le bénéfice de l'exonération. »

Les Compagnies de chemins de fer ont protesté contre cette ingérence du *Board of trade* dans leur exploitation. Le rapport du Metropolitan fait remarquer avec raison qu'elle peut amener la confiscation de la propriété d'un chemin de fer si l'État intervient arbitrairement. Dans tous les cas, elle est en opposition avec les différents actes du Parlement sur la foi desquels le public a souscrit pour la construction des chemins de fer en Angleterre.

A Londres, on le sait, le monopole des transports en commun n'existe pas. A côté de la Compagnie générale des Omnibus, d'origine française, marchent des voitures appartenant à des entreprises rivales.

En général, les grandes voies qui passent au-dessus des Métropolitains et la plupart de celles où sont établies les gares des chemins de fer intérieurs, sont desservies par des omnibus qui s'arrêtent aux stations pour prendre ou pour déposer des voyageurs.

Les tarifs varient suivant la distance. La course entière coûte de 40 à 60 centimes, dans l'intérieur ou sur l'impériale; mais les parcours ayant été généralement réduits depuis la construction des chemins de fer urbains, le prix n'est plus que de 40 centimes pour la course entière et de 20 à 30 centimes pour la demi-course. Pour les petits parcours d'une gare à l'autre, on ne perçoit quelquefois que 10 centimes. Ainsi, le trajet de la station de London Bridge à la Banque (1 100 m.) et celui de Gower Street (Metropolitan) à Camden

Tower (Midland) ne coûtent que 10 centimes, quoique ce dernier soit de plus de 2 kilomètres 1/2. Mais ce sont là de rares exceptions que l'on ne rencontre que sur quelques sections desservies par plusieurs entreprises rivales.

On compte à Londres environ 85 lignes d'omnibus, dont 20 passent par le pont de Londres. Ce nombre est plus considérable si on y ajoute celui des correspondances des chemins de fer. Ces correspondances sont faites soit directement par les compagnies, soit sous leur contrôle, avec ou sans subvention. Le Metropolitan, pour sa part, a quatre services de ce genre, desservis par de grands omnibus à trois chevaux (Portland Road à la gare de Charing Cross), ou par des petites voitures à un cheval (Bishopsgate à Cannon Street). Les départs ont lieu toutes les 5 ou 6 minutes, et le prix de la course entière ne dépasse pas 20 centimes.

La Compagnie générale a en service journalier 693 voitures-omnibus. C'est à peu près la moitié de celles qui circulent à Londres.

La recette journalière s'est élevée, pour le premier semestre de 1883, à 63 fr. 40 par voiture, et la dépense à 58 francs, soit une proportion de 92 0/0 des dépenses aux recettes. Le nombre des voyageurs transportés journellement par voiture est de 268, et le parcours kilométrique journalier varie, suivant la saison, entre 96 et 98 kilomètres.

Les omnibus de Londres sont plus petits et moins confortables que les nôtres. Les cars des tramways leur sont bien supérieurs, et c'est ce qui a fait le succès de ces voies ferrées à leur apparition.

Les rails sont généralement posés dans les grandes avenues que suivent les omnibus, et au-dessus ou au-dessous desquelles passent les chemins de fer.

Les tramways sont loin d'avoir à Londres l'importance qu'ils ont à Paris. Les huit compagnies qui desservent la Métropole et ses environs ne possèdent pas plus de 150 kilomètres en exploitation.

Ce n'est que depuis quelques années que les compagnies de tramways se sont décidées à lutter avec les chemins de fer dans les quartiers où la circulation est considérable. L'augmentation constante du nombre de leurs voyageurs leur a prouvé qu'il y avait place pour les deux modes de transport.

La plus importante de ces compagnies, celle des North Metropolitan Tramways, a quatre lignes parallèles au North London et au Great Eastern, et ce ne sont par celles qui donnent le moins de trafic. L'année dernière la Compagnie a distribué 9 0/0 à ses actionnaires.

Les London Tramways, dont les rails sont posés sur toutes les grandes avenues des quartiers ouvriers de la rive droite, ont ransporté, en 1882, plus d'un million de voyageurs par kilomètre. Ce mouvement extraordinaire et qui se rapproche de celui du Metropolitan, est dû à un abaissement considérable du prix des places pour les petits parcours et au grand nombre de voitures en service.

Malgré cette circulation considérable, la situation des London Tramways ne semble pas être prospère. Après six ans d'exploitation la voie a dû être refaite presque en entier, les cars et les chevaux ont été en grande partie mis hors de service, et les dépenses considérables qu'il a fallu faire pour le renouvellement ont compromis gravement le crédit de la Compagnie.

De toutes les lignes de tramways de Londres actuellement en exploitation, la plus intéressante est, sans contredit, celle qui, partant d'Archway Tavern, terminus de l'une des sections des North Metropolitan Tramways, s'élève par une pente variant de $0^m,013$ à $0^m,09$ par mètre jusqu'au plateau de Highgate, sur une longueur de 1 320 mètres. Le mode de traction employé est celui que M. Hollidie, ingénieur à San Francisco, a appliqué pour la première fois dans cette ville en 1873[1]. Le câble sans fin qui entraîne les voitures est placé dans un canal souterrain, fendu longitudinalement à sa partie supérieure ; ce câble est saisi par une pince fixée à la voiture et mis en mouvement à une vitesse constante par une machine fixe.

Sur la ligne d'Archway Tavern à Highgate les départs ont lieu toutes les 5 minutes. Le tarif est de 10 centimes à la descente et de 20 centimes à la remonte.

1. Voir le *Manuel pratique de l'exploitation des chemins de fer des rues*, page 218, publié par l'auteur en 1877.

Les tramways tendent aujourd'hui à se développer dans cette partie de l'ancienne banlieue de Londres qui en forme maintenant les faubourgs. C'est ainsi qu'une compagnie nouvelle, dite des North London Tramways, dessert depuis quelque temps, à partir de Stamford Hill, terminus de la ligne des North Metropolitan Tramways venant de Moorgate Street (Cité), les localités importantes de Tottenham, Edmonton et Enfield, placées sur cette magnifique route qui, par la vallée de la Lea, se dirige vers le Nord-Est. Ayant à lutter contre les deux branches du Great Eastern Railway qui courent à quelque distance de la route, la compagnie du tramway a adopté pour sa traction de petites locomotives lui permettant de remorquer, à la vitesse de 12 à 14 kilomètres, des trains de 3 à 4 voitures. Les départs ont lieu, comme sur le chemin de fer, quatre ou cinq fois par heure.

Les North Metropolitan Tramways et les North London Tramways forment ainsi, de la Cité à Enfield's Highway, une voie ferrée continue de 23 kilomètres dont la classe ouvrière forme la majeure partie de la clientèle.

Les tramways de Londres sont préférés aux chemins de fer quand il s'agit de trajets courts. Disons, en terminant, que leurs tarifs dépassent rarement 30 et 40 centimes; qu'ils sont le plus souvent de 10 et de 20 centimes pour les petits parcours où les compagnies ont à lutter contre les omnibus; que sur certaines lignes ils subissent une augmentation le dimanche et les jours de fête; que la correspondance n'existe pas plus pour eux que pour les omnibus de la Métrople, sauf sur certaines sections.

La défense pour les tramways de traverser les ponts et de pénétrer dans les quartiers où la circulation est très active, permet aux omnibus de leur faire une concurrence sérieuse dans certaines parties du West End et de la Cité. Aussi, la plupart des compagnies de tramways ont-elles, aux endroits où s'arrêtent leurs rails, des services d'omnibus qui amènent les voyageurs là où elles ne peuvent pénétrer.

Aux moyens de transport dont nous venons de nous occuper, il convient d'ajouter les bateaux à vapeur de la Tamise qui continuent leurs services, malgré le développement des

chemins de fer et des tramways. En aval de Londres, l'absence
de ponts les rendra toujours nécessaires, mais la brume qui
règne sur le fleuve une partie de l'hiver rend leur servcie très
irrégulier.

Au reste, le déplacement de la population de Londres est
tel que, dans certaines directions, chemins de fer, tramways,
omnibus et bateaux à vapeur ont des départs fréquents et font
de belles recettes.

En voici un exemple dont les chiffres ont été relevés sur les
bulletins officiels du mois d'août 1883.

Des différents quartiers de Londres on compte par jour
pour Greenwich :

98 départs de chemins de fer dans chaque sens ;
230   —   de tramways   —   ;
96   —   de bateaux à vapeur, y compris ceux de la correspondance du Great Eastern.

Mais s'il y a, dans certains quartiers de Londres, une sura-
bondance de moyens de transport, il en est d'autres, au S.-E.
et au S.-O., habités par des ouvriers, qui n'ont pour les desservir ni omnibus, ni tramways, ni chemins de fer.

C'est la conséquence du régime de la liberté en matière de
transports en commun. Pourquoi des entrepreneurs s'expose-
raient-ils, sans compensation à espérer, à perdre de l'argent
dans une exploitation d'omnibus ou de tramways?

Rien ne les y oblige. Quand une ligne cesse de faire ses
frais, ses propriétaires la suppriment du jour au lendemain et
vont porter leur industrie sur un autre point de Londres.

Voici, au reste, à l'appui de ce que nous venons de dire,
comment les choses se passent à Paris et à Londres pour certains quartiers où les entreprises de transport en commun
ont plus à perdre qu'à gagner.

Prenons, par exemple, le XIIIᵉ arrondissement de Paris et
un quartier similaire, au sud-est de la métropole anglaise,
formé d'une partie de Walworth et de Camberwell (*i* et *n*).

Le XIIIᵉ arrondissement, un des plus pauvres et des moins
peuplés de la capitale, est le point de départ de 6 lignes d'omnibus. Il est traversé, en outre, par la ligne de la place Saint-

Michel aux Forges d'Ivry et par 5 lignes de tramways qui appartiennent au Sud.

Le plus long parcours qu'un habitant de cet arrondissement ait à faire pour prendre un omnibus ou un tramway ne dépasse pas 600 mètres, et la correspondance lui permet de se rendre sur un point quelconque de Paris.

En 1882, les sept lignes d'omnibus ont donné 600 000 francs de perte. Quant aux lignes de tramways, deux seulement ont été en bénéfice, mais comme l'une d'elles, celle de la Bastille à Montparnasse, passe sur la limite-nord de l'arrondissement, il serait téméraire d'attribuer au quartier des Gobelins les recettes fructueuses de cette ligne. Ajoutons, enfin, aux moyens de transport que nous venons d'énumérer, le chemin de fer de Ceinture qui a trois stations sur la limite-sud du XIIIe arrondissement.

Croit-on sérieusement que si la liberté des transports en commun existait à Paris, il se trouverait des compagnies assez téméraires pour s'exposer à perdre 600 000 francs par an sans compensation d'autre part?

Le quartier de Londres auquel nous faisons allusion est compris entre les grandes voies de New Kent Road (*i*, 88), de Walworth and Camberwell Roads (*i*, 89), de Old Kent Road (*i*, 87) et de Peckham Road (*n*, 90). Il forme un quadrilatère de 708 hectares, dont la plus grande largeur atteint 3 kilomètres et dont la base moyenne est de 2 kilomètres. Plus étendu que le XIIIe arrondissement dont la superficie n'est que de 625 hectares, il est sillonné d'avenues larges et qui se prêtent très bien à des services de voitures publiques. Et, cependant, pas une ligne d'omnibus, pas une ligne de tramway ne pénètre dans le quadrilatère. Les entrepreneurs se bornent à exploiter les grandes voies que nous avons désignées plus haut, parce qu'ils sont sûrs d'y trouver assez de voyageurs pour alimenter leurs services. On compte sur ces voies 5 lignes d'omnibus et 3 lignes de tramways, mais pour aller les rejoindre il faut faire un long parcours à pied. Le voyageur qui se rend soit à Charing Cross, soit dans la Cité, dont la distance moyenne du quadrilatère ne dépasse pas 2 800 mètres, est obligé de payer de 30 à 40 centimes pour un parcours analogue à celui que l'on fait dans l'omnibus parisien pour 15 centimes.

Il y a quelques années, la Compagnie générale ayant à lutter contre les entreprises rivales sur les lignes de Paddington et de Bayswater, s'entendit avec elles et racheta leurs services. Le rapport lu aux actionnaires, en rendant compte de cet arrangement, disait : « Nous avons saisi cette occasion pour ramener les tarifs de ces lignes à un taux plus rémunérateur. »

Ce que la Compagnie appelle *un taux plus rémunérateur*, c'est une perception de 40 centimes pour un parcours de 5 kilomètres et demi (de Bayswater à Charing Cross) et de 60 centimes pour une longueur de 9 kilomètres et demi (de Paddington à London Bridge). A Paris, le voyageur paierait pour des trajets analogues 15 centimes dans le premier cas et 30 centimes dans le second.

Tels sont les résultats de la liberté en matière de transports. Les mêmes faits se produisent à New-York, où règne, comme à Londres, le principe de la concurrence entre les chemins de fer, les tramways, les omnibus et les ferryboats.

NEW-YORK

La ville de New-York occupe, comme l'on sait, la plus
grande partie de la presqu'île de Manhattan. Elle s'étend de
la Batterie, placée au confluent de l'Hudson et de l'East River,
à la rivière de Harlem, sur une longueur de 16 kilomètres et
sur une largeur qui ne dépasse pas 5 kilomètres. New-York a
aujourd'hui une population de 1 350 000 habitants répartis
dans 100 000 maisons; c'est une moyenne de 13,5 habitants
par maison.

La population, autrefois concentrée dans la vieille ville
(*Down Town*), qui n'occupe qu'une surface de 5 kilomètres
carrés environ à l'extrémité de la presqu'île, remonte graduel-
lement vers le Nord où est bâtie la nouvelle ville (*Up Town*),
dont les avenues, parallèles à l'Hudson, sont coupées à
angle droit par les rues qui vont d'une rivière à l'autre. C'est
là où l'on vit en dehors des heures des affaires. La vieille
ville, c'est la Cité de Londres avec ses wharfs ou ses docks,
ses rues étroites et malpropres qui bordent la Tamise et où
règne une activité fébrile.

La circulation y est toujours très grande, mais au moment
de la fermeture des bureaux, des heures de la poussée, *the
rush up town*, comme dit le Newyorkais, elle devient très
difficile. Deux courants s'établissent : l'un vers la partie sep-
tentrionale en suivant les grandes avenues qui bordent le
parc ; l'autre se dirigeant vers l'Est ou vers l'Ouest pour
prendre les ferryboats, qui mènent en quelques minutes à

Brooklyn, à Jersey City ou à Hoboken, les faubourgs de la métropole américaine. A ce moment, les cars de tramways allant en file serrée de l'Est à l'Ouest et du Sud au Nord, forment dans ces deux directions des encombrements qui paralysent la circulation et les exposent à de fréquentes rencontres. Elles sont d'autant plus à redouter, qu'aux Etats-Unis le mauvais état des chaussées force les véhicules de tous genres, lourds chariots et voitures légères, à rouler sur la partie plate des rails de tramways disposés à cet effet. A New-York, comme dans presque toutes les villes de l'Amérique du Nord, l'omnibus est un moyen de transport aristocratique que le *car* a depuis longtemps remplacé, et que l'on ne trouve que sur certaines lignes encombrées, telles que Broadway, la Cinquième Avenue et trois ou quatre autres voies interdites aux tramways. Les gens de couleur n'y sont pas admis, et les dames les préfèrent aux tramways parce que le nombre des places y est limité. Il n'en est pas de même des cars où l'on admet plus de voyageurs qu'ils ne doivent en contenir. Mais tous ces avantages se paient, et le tarif de l'omnibus est de 50 centimes, le double de celui du tramway. Pour l'un et pour l'autre de ces véhicules, l'impériale est chose inconnue.

Le nombre des voyageurs transportés par les omnibus et les tramways en 1873 s'est élevé à 148 millions, soit un mouvement de 400 000 voyageurs par jour, se produisant surtout dans l'espace de quelques heures. Comme il était difficile avec ces moyens de transport de faire face à l'accroissement journalier de cette circulation, on se décida à avoir comme à Londres un chemin de fer souterrain. Mais on ne tarda pas à reconnaître que se trouvant en face du granit, le kilomètre allait coûter 10 millions. Etabli en tranchée, le chemin de fer revenait à 15 millions le kilomètre. Devant de pareilles dépenses, on renonça à la voie souterraine.

En 1866, on avait expérimenté sur 800 mètres, dans Greenwich Street, un système de voie ferrée aérienne portée sur un seul rang de colonnes légères. A la suite de quelques accidents provenant du peu de solidité de la construction, la Compagnie fit faillite.

Ce ne fut guère qu'en 1875, à la suite du programme tracé par la Société des Ingénieurs civils de New-York, que les chemins de fer aériens prirent un certain développement. La Société s'arrêta à un système de voies ferrées élevées de 4ᵐ,50 environ au-dessus du sol et portées sur des viaducs métalliques établis sur les rues. Ces voies ne devaient servir qu'au transport exclusif des voyageurs et, par conséquent, ne pas se relier au réseau des chemins de fer ordinaires. On ne voulait avoir que des tramways aériens, ayant un matériel léger et partant souvent. Ils ne devaient pas coûter plus de 2 à 3 millions le kilomètre.

Quant au mode de construction des viaducs, il pouvait varier suivant la disposition et la grandeur des rues où l'on devait les établir. Une commission de cinq membres fut chargée de déterminer les tracés et les systèmes généraux de construction applicables à chacun des cas. Enfin, l'établissement des chemins de fer aériens ne pouvait avoir lieu qu'avec le consentement des habitants ou l'avis favorable d'une commission spéciale nommée par la Cour suprême de l'État de New-York.

Deux Compagnies se formèrent, mais après la mise en exploitation des premiers tronçons, les habitants manifestèrent une vive opposition. On eut recours aux tribunaux, et il fut décidé qu'on passerait outre, à charge par les Compagnies de payer aux riverains lésés dans leurs intérêts des indemnités à fixer par arbitres. Le chiffre de ces indemnités fut tel que les Compagnies se trouvèrent à la veille d'être ruinées. Mais l'apaisement se fit peu à peu, et aujourd'hui les chemins de fer aériens jouissent à New-York de la faveur populaire.

En 1884, on comptait 53 kilomètres de ces voies ferrées et on construit tous les ans de nouvelles lignes.

Le mode de construction n'est pas le même pour les lignes des deux Compagnies, la *Metropolitan Elevated Railroads*, et la *New-York Elevated Railroads*, dont l'exploitation a été affermée par une troisième Compagnie dite de *Manatthan*.

Dans les rues étroites et fréquentées par les voitures, les colonnes portant les voies sont placées à la bordure des trottoirs, et, entièrement indépendantes l'une de l'autre, laissent la chaussée libre. Comme à New-York souvent les caves s'étendent sous les trottoirs, il a fallu les acheter pour y établir les massifs en maçonnerie destinés à recevoir la base des colonnes. Quelquefois les voies sont rapprochées et reliées de distance en distance par des poutres en treillis ou en fer à double T formant entretoises. Dans quelques sections ces poutres supportent les voies et le viaduc est reporté au milieu de la chaussée, au-dessus des voies de tramways. Cette disposition a été adoptée dans les quartiers riches ou dans les rues dont les magasins reçoivent beaucoup de chalands (fig. 3).

Les colonnes sont espacées de 13 à 15 mètres, et la largeur transversale entre leurs axes ne dépasse pas 7^m,60. La hauteur des viaducs au-dessus du sol est généralement, comme nous l'avons dit, de 4^m,50 à 4^m,65, mais dans quelques parties ce chiffre est largement dépassé. Aussi dans la Huitième Avenue, il varie de 6 à 15 mètres. Pour de pareilles hauteurs, il a fallu descendre les fondations à plus de 9 mètres à travers des sables mouvants.

Au reste, dans beaucoup d'endroits, les fondations ont été difficiles à établir par suite de la mauvaise qualité du sol de la presqu'île, qui est plein de fissures.

Les colonnes qui supportent les viaducs sont généralement formées de quatre fers à double T, reliés par des treillis et surmontées de chapiteaux à console ou carrés suivant le cas. C'est là-dessus que l'on place en long les poutres en fer sur lesquelles on fixe les traverses et sur les traverses, des rails en acier dont le poids est généralement de 28 kilog. par mètre. La voie se trouve ainsi à jour. A droite et à gauche des rails, on fixe de fortes longrines qui servent de contre-rails et s'opposent au déraillement. Les colonnes reposent dans une embase en fonte, boulonnée solidement dans un massif en maçonnerie placé sur un lit de béton.

Les rampes ne dépassent pas généralement 10 millimètres. Pour ne pas avoir de déclivités plus fortes, il a fallu développer le tracé et élever progressivement le viaduc au-dessus du sol. Au tournant des rues les courbes n'ont quelquefois que 27 mètres de rayon. Sur les points où il n'a pas été

possible de les éviter, il y a un mouvement journalier de plus
de 800 trains. Jusqu'à présent l'usure des rails et des ban-
dages des cars qui les parcourent n'est pas très sensible.

Les stations sont simplement disposées, mais elles ne
manquent pas d'une certaine élégance. Elles ont un peu la
forme et l'ornementation des chalets de nos grandes promenades publiques. Placées à la hauteur des voies, elles sont

Fig. 3. Ligne de la Troisième Avenue (New-York).
(Gravure extraite du *Génie civil*.)

pourvues d'escaliers indépendants pour l'entrée et la sortie.
Les stations sont doubles : une pour chaque direction. Leur
espacement varie de 300 à 500 mètres.

La traction est faite par des locomotives sans tender, du
poids de 15 tonnes, ayant extérieurement la forme d'un car de
tramways. Elles sont généralement à huit roues dont quatre
sont couplées et placées soit à l'avant, avec truck à l'arrière
comme dans le type Forlie que nous avons décrit autre part[1],

1. *Les Tramways et les Chemins de fer sur routes*, page 236.

soit au milieu avec avant-train Bissel à l'avant et à l'arrière.

Suivant les heures de la journée, les trains sont composés de trois à quatre voitures Pulmann dont la contenance varie de 48 à 50 places. Grâce à leur montage sur trucks et la disposition de l'attelage, elles passent facilement dans les courbes les plus raides. Le frein à vide Eames permet en quelques secondes l'arrêt d'un train marchant à la vitesse de 35 kilomètres.

Pendant l'année 1882, la composition des trains a été de 3, 5 voitures et le nombre des voyageurs par train de 108. La proportion des places occupées aux places offertes a été, pour cette même année, de 54 pour cent.

Les départs ont lieu toutes les 3 minutes. Pendant la nuit et à certaines heures du jour, leur nombre est diminué.

La vitesse moyenne est de 20 à **22** kilomètres ; sur certaines lignes elle atteint 48 kilomètres et pour les express elle s'élève à 55 et même à 64 kilomètres pour les longs parcours sans arrêts. Le personnel d'un train se compose : d'un mécanicien, d'un chauffeur et de trois conducteurs. Celui des gares ne comprend que deux agents : un distributeur de billets et un surveillant.

Le nombre des trains par jour s'élève à 3 480. Ce mouvement est plus considérable que celui des chemins de fer de Londres, car il ne comprend pas les départs et les arrivées du Harlem Railroad, du Hudson River Railroad, etc.

Le tarif est uniforme comme celui des tramways ; de 5 heures à 9 heures du matin et de 4 heures à 8 heures du soir, il est de 5 cents ou **25** centimes. Le reste de la journée on perçoit 10 cents ou **50** centimes. Réglementairement, le nombre des places est limité, mais il en est des chemins de fer aériens comme des tramways : on ne refuse des voyageurs que lorsqu'il est matériellement impossible de les placer.

Le nombre des voyageurs transportés pendant l'année 1884 (30 septembre), s'est élevé à 1 824 577 par kilomètre pour les lignes de la 2ᵉ, 3ᵉ, 6ᵉ et 9ᵉ Avenues qui composent le réseau actuel affirmé par la Compagnie de Manhattan. C'est une augmentation de 4,97 pour cent sur l'année précédente. Le prix moyen perçu par voyageur s'est élevé en 1884 à 6,956

cents. (34 cent. 780), tandis qu'il n'a été que de 6,932 cents.
(34 cent. 660) en 1883. Le rapport entre les recettes et les
dépenses a été l'année dernière de 58,76 pour cent, au lieu
de 58,82 pour cent en 1883.

Les chemins de fer aériens de New-York ont coûté suivant
les quartiers et, par conséquent, suivant le mode de construction employé, de 2 à 3 millions le kilomètre.

Les chemins de fer aériens sont considérés à New-York
comme très utiles, mais ils ont rendu inhabitables les petites
rues dans lesquelles on les a construits, et la valeur des im-
meubles a sensiblement diminué. Voir passer toutes les trois
ou quatre minutes, à deux mètres de ses fenêtres, un train
roulant à la vitesse de 30 kilomètres avec un bruit assourdis-
sant, est pour beaucoup de gens un supplice que l'on n'endure
que lorsqu'on ne peut l'éviter.

Quant aux passants, aux chevaux et aux voitures qui circulent sous les viaducs, ils sont exposés, malgré toutes les
précautions prises par les compagnies, à recevoir des escar-
billes, de la graisse et de l'eau. La substitution de l'électricité
ou de l'air comprimé à la vapeur supprimerait une partie de
ces inconvénients.

Dans les Avenues larges de New-York, les chemins aériens
sont plus tolérables. Ils gênent moins la circulation des voitures, et leur bruit se confond à peu près avec celui de la rue.

Quant à la vue de ces charpentes massives, élevées sur le
milieu des chaussées à la hauteur d'un premier étage, elle n'a
rien d'attrayant. Aussi en a-t-on dispensé les habitants de la
Cinquième Avenue, la voie la plus aristocratique de New-
York.

Mais, il faut bien le dire, aux États-Unis où les questions
d'art ne sont que secondaires, le commerce et l'industrie occu-
pant la première place, l'aspect des chemins de fer aériens
ne choque pas les habitants. D'autres lignes aériennes sont
en construction dans les principales villes des États-Unis.

Quant à la grande et importante artère de Broadway, on
avait songé tout d'abord à la desservir par un chemin de fer
souterrain, mais ce projet paraît abandonné et il est question
de le remplacer par un chemin de fer sous arcades allant de la

Batterie à la Quarante-deuxième Rue par l'Avenue Madison.

Voici comment il serait établi :

Le sol de la rue serait creusé dans toute sa largueur à 5^m,50 au-dessous du niveau actuel, et on élèverait sur le fond de la tranchée trois rangées de colonnes : une de chaque côté à 5^m,26 des maisons, et la troisième dans l'axe de la chaussée. Sur ces colonnes on placerait des poutres transversales, supportant les voûtes sur lesquelles reposerait une chaussée ayant en largeur 13^m,50. De chaque côté de la chaussée il y aurait un trottoir de 3^m,65 de large, qui s'arrêterait à 1^m,53 des maisons et laisserait un vide servant à donner de l'air et de la lumière à la partie inférieure. C'est au-dessous de la chaussée que serait placé le chemin de fer, séparé des maisons par un trottoir de 5^m,26 de largeur, sous lequel on poserait les conduites d'eau, de gaz, les fils télégraphiques, etc.

Le chemin de fer aurait quatre voies : deux pour le service omnibus posées le long des trottoirs et deux autres au milieu pour le service direct. Les trottoirs seraient au niveau du plancher des voitures et serviraient de stations sur certains points désignés.

Des escaliers ménagés de distance en distance établiraient une communication commode entre la chaussée et le sous-sol. Des dalles en verre placées sur les trottoirs supérieurs donneraient de la lumière au chemin de fer. La nuit la voie serait éclairée à la lumière électrique. Pour éviter la fumée, qui ne pourrait qu'incommoder les promeneurs et les habitants, on emploierait la traction funiculaire pour le service local et l'air comprimé ou la machine sans foyer pour le service direct.

Le chemin de fer sous arcades pourrait se raccorder avec le Harlem Railroad, qui est au niveau du sol ; il permettrait ainsi d'aller en vingt minutes de l'extrémité de Broadway à la rivière de Harlem. Ce serait une concurrence sérieuse pour les chemins aériens qui desservent les quartiers au nord de New-York. Il aurait l'avantage sur ses rivaux de pouvoir servir la nuit au transport des marchandises.

Tel est le projet de chemin de fer sous arcades que l'on se propose d'appliquer à New-York partout où les lignes aériennes ou au niveau du sol ne sont pas possibles. Il nous semble inutile de faire remarquer que des constructions de ce genre doivent être très coûteuses, et qu'elles ne peuvent que nuire à l'aspect des quartiers riches comme celui de Broadway.

A New-York, la création des Métropolitains n'a pas nui au trafic des tramways. D'après un rapport officiel, les 195 kilomètres qui sillonnent la ville ont donné en 1882 bien près de 7 pour cent du capital dépensé. Il est à remarquer que les quatre grandes Avenues sur lesquelles sont établis les chemins de fer aériens sont parcourues par des tramways qui ont transporté, en 1884, 1 622 000 voyageurs par kilomètre. Elles sont de plus, coupées de distance en distance par des rues importantes desservies dans toute leur longueur par d'autres tramways. Ces modestes voies ferrées sont les correspondants naturels des Elevated Railroads et desservent fructueusement leurs stations.

Au reste, aux États-Unis, les tramways loin de renoncer à la lutte contre les chemins de fer métropolitains, recherchent tous les perfectionnements qui leur permettent d'exploiter plus économiquement. C'est ainsi qu'à New-York, ils ont obtenu tout récemment de la municipalité l'autorisation de remplacer la traction animale par la traction funiculaire, qui donne 34 pour cent d'économie. Le capital demandé par une compagnie pour opérer cette substitution sur plusieurs lignes, a été souscrit du matin au soir par le public newyorkais.

Contrairement à ce qui se passe à Londres, les tarifs des tramways aux États-Unis sont uniformes, quelle que soit la distance. Nous avons vu qu'à New-York il est de 5 cents (25 centimes) pour toutes les directions, mais dans beaucoup de villes américaines il est plus élevé. Lorsqu'on emploie les tickets, que le public peut se procurer soit dans les cars, soit chez certains débitants, il est d'usage d'accorder un rabais à l'acheteur qui en prend un certain nombre. Ainsi, le tarif étant de 6 cents (30 centimes), on vend vingt billets pour 5 francs, ce qui réduit le prix par billet à 25 centimes. A Philadelphie, on se sert de contremarques en corne ou en caoutchouc durci. Chaque contremarque donne au porteur le droit à un voyage simple sur une ligne de la Compagnie, mais si le voyageur désire passer d'une ligne sur une autre appartenant à une compagnie différente, il peut ne payer que la moitié du tarif pour le nouveau parcours à faire en demandant au conducteur une correspondance.

A New-York, on ne délivre ni billets, ni contremarques aux voyageurs.

BERLIN

De toutes les grandes villes de l'Europe, Berlin est celle qui
depuis douze ans a subi le plus de transformations et s'est le
plus développée. Aux travaux d'assainissement exécutés dans
toute la ville, se sont jointes les percées nouvelles faites dans
les parties populeuses de l'Est et les constructions grandioses
élevées dans les quartiers riches de l'Ouest.

Berlin est un centre industriel et commercial important,
dont le développement et la prospérité sont plutôt dus aux
nombreux chemins de fer qui y aboutissent qu'au succès des
armées allemandes. Aussi le chiffre de sa population, qui
n'était encore en 1867 que de 702 437 habitants, atteint-il
aujourd'hui 1 230 000. Sa superficie dépasse 6 000 hectares,
et comme Berlin n'a pas d'enceinte fortifiée, la ville pénètre
tous les jours plus avant dans la banlieue.

Neuf gares à voyageurs donnent accès aux onze chemins
de fer qui entrent dans la métropole allemande ; leur éloignement du centre ne dépasse pas, en moyenne, 1 600 mètres.

Depuis 1875, un chemin de fer de Ceinture (*Ringbahn*),
d'une longueur de 37 kilomètres 1/2, fait le tour de la ville et,
desservant 13 stations des faubourgs et de la banlieue, relie
entre elles toutes les grandes lignes. Enfin, de nombreux
services d'omnibus et de tramways sillonnent Berlin dans tous
les sens et le mettent en communication avec les environs.

La Ceinture, établie en grande partie en remblai, a coûté
405 330 francs par kilomètre. On comptait beaucoup sur elle

pour faciliter le déplacement des voyageurs locaux, mais cet espoir ne s'est pas réalisé. L'éloignement des stations du centre de la ville et le petit nombre de trains qui les desservaient ne pouvaient que détourner les voyageurs de la Ringbahn. D'un autre côté, les tramways qui lui faisaient une concurrence redoutable devenaient eux-mêmes insuffisants, et il fallait trouver un mode de transport en commun plus en rapport avec le développement de la ville. A Berlin, comme à Londres et à Paris, c'est principalement du côté de l'Ouest que la ville s'étend.

Dès 1871, avant l'ouverture complète de la Ceinture, on avait songé à l'établissement d'un Métropolitain (*Stadtbahn*), reliant la gare de Silésie et de l'Est à celle de Charlottenburg (*West End*), à l'Ouest. Le peu de hauteur de la ville au-dessus du niveau de la Sprée rendait impossible un chemin de fer souterrain. D'un autre côté, on ne pouvait admettre une voie ferrée au niveau du sol. Restait le système aérien, le seul possible dans une ville comme Berlin où sa construction devait faciliter une importante opération de voirie.

La crise financière de 1874 retarda la construction du Métropolitain, mais le projet fut repris, en 1875, par une compagnie à responsabilité limitée qui se chargea de l'exécuter. Le devis se montait à 87 500 000 francs pour une longueur de 12 kilomètres environ, soit à peu près 7 250 000 francs par kilomètre. Le capital fut souscrit par les compagnies intéressées et par l'Etat pour 26 250 000 francs. Commencés à la fin de 1875, les travaux ont été terminés en 1882.

En se reportant au plan de Berlin (fig. 4), on voit que le Métropolitain forme le grand axe de la courbe elliptique décrite par la Ceinture. Il compte sept stations dans l'intérieur de la ville, non compris les deux terminus de Silésie et de Charlottenburg (*West End*).

Le Métropolitain de Berlin, comme celui de Londres, sert au transport des voyageurs locaux et à celui des voyageurs à grande distance, qui prennent à leur passage aux stations métropolitaines les trains de grandes lignes se dirigeant vers l'extérieur.

Dans ces conditions d'exploitation il était nécessaire de

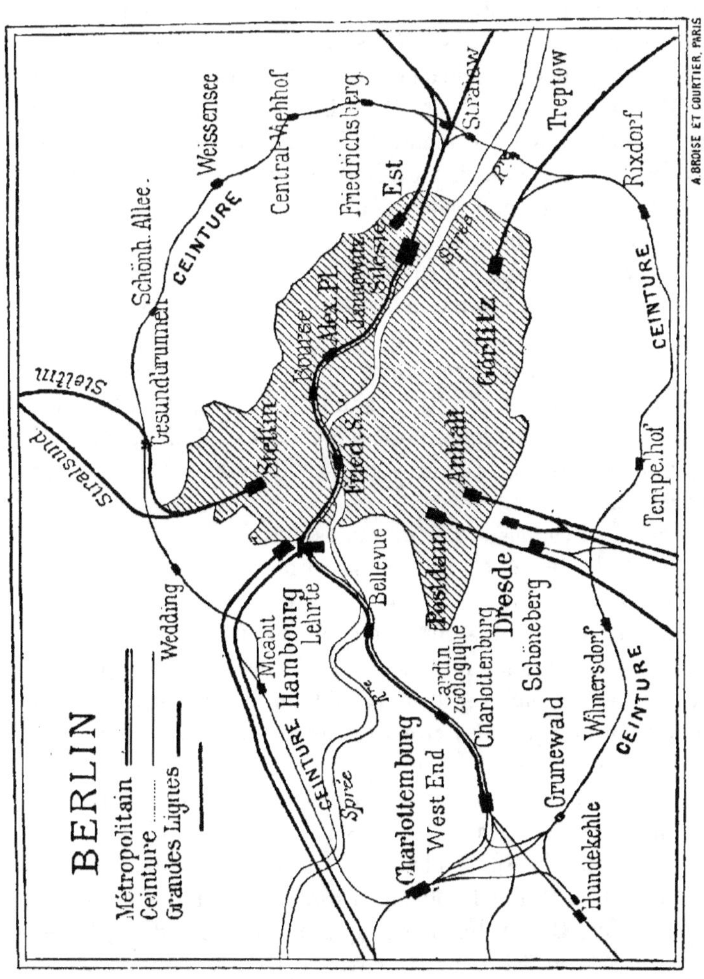

Fig. 4. Carte des chemins de fer Métropolitains de Berlin.

rendre les deux services complètement indépendants. C'est ce qui a été fait, tout en établissant sur le même viaduc et parallèlement les quatre voies qui leur sont nécessaires. Des neuf stations du Métropolitain, quatre sont communes au trafic local et au trafic de transit. Ce sont : Charlottenburg, Friedrichstrasse (gare centrale de Berlin), Alexander Platz et la gare de Silésie. Celles de Jannowitz-Brücke, de la Bourse, de Lehrte, de Bellevue et du Jardin Zoologique servent exclusivement aux trains locaux. Ceux-ci partent de la gare de Silésie et reviennent à leur point de départ soit par la Ceinture-Nord, soit par la Ceinture-Sud. Les trains de grandes lignes ont leur point de départ à l'extrémité du Métropolitain opposée à leur terminus. Ainsi, les trains express et postes pour Paris, au lieu de partir de la gare de Lehrte, partent de la gare de Silésie et vont rejoindre la ligne de Paris par la Ceinture. Ce n'est que par la Ringbahn que les raccordements des lignes avec le Métropolitain peuvent avoir lieu, celui-ci passant au-dessus des gares de la ville établies toutes au niveau du sol.

Dans la traversée de Berlin, qui est de 8 kilomètres environ, le Métropolitain est sur un viaduc en maçonnerie élevé à une hauteur moyenne de 7^m,50 au-dessus des rues. La largeur des ouvertures varie entre 10^m,25 et 19^m,30. Les voûtes sont en ogive et leur hauteur moyenne à l'intérieur est de 6 mètres. La largeur du viaduc est de 14^m,50, mais au couronnement elle atteint presque 17 mètres. Le dessous du viaduc a été disposé pour être loué au commerce.

Dans la traversée des rues, la maçonnerie a été remplacée par des travées métalliques de 24 à 27 mètres d'ouverture. Les ponts sur la Sprée et sur le bassin de Humbolt sont à treillis. On évalue à 1 200 mètres la longueur des constructions en fer. Du Jardin Zoologique à son raccordement avec la Ceinture, sur 3 kilomètres environ, le Métropolitain est en remblai.

Les stations sont très bien comprises et leur disposition mérite d'être signalée.

Elles sont à deux étages : le rez-de-chaussée contient les bureaux, les salles d'attente, etc.; le premier étage, communiquant avec le bas par de larges escaliers, comprend un quai couvert d'une légère charpente en fer ayant 29 mètres d'ouverture et 130 mètres de long. Les deux groupes de voies sont séparés de $3^m,50$. A une certaine distance en amont et en aval des stations, la voie montante se sépare de la voie descendante et les deux voies laissent entre elles un espace vide de 12 mètres de large sur 150 mètres de long. C'est cet espace, auquel on a donné la forme d'un trapèze allongé, qui tient lieu de quai à la station. Le grand côté du trapèze est tourné vers le milieu du viaduc, et il fait vis-à-vis au grand côté du quai opposé quand la station est double, c'est-à-dire quand elle sert au trafic local et au transit. Dans ce cas, la couverture abrite les deux quais et les voies, sur une largeur de 69 mètres et sur une longueur de 153 mètres.

La construction du Métropolitain a nécessité des modifications importantes dans la gare de Silésie, l'un de ses terminus. Il a fallu élever de 7 mètres cette gare, qui était au ras du sol, pour la mettre de niveau avec les rails du Métropolitain. Ce travail important a pu être fait sans toucher à la couverture et sans changer la disposition architecturale. Le Métropolitain dispose dans cette gare de 4 quais avec 8 voies et de remises pour son matériel. Il n'a pas de service de petite vitesse.

La gare de Silésie est aujourd'hui une des mieux outillées de l'Allemagne pour les divers services de voyageurs et de marchandises des grandes lignes. Son élévation au-dessus du sol a nécessité l'installation de nombreux appareils hydrauliques pour la manutention des colis, et de vastes locaux pour les trains de la poste dont elle est le point de départ.

La voie du Métropolitain est du système Haarmann, sur lequel l'expérience ne s'est pas encore bien prononcée. Elle se compose de rails Vignole en acier, du poids de 30 kilogr. au mètre courant, posés sur des longrines en fer.

Le matériel de traction comprend 60 locomotives à quatre roues couplées, portant 12 tonnes sur chaque essieu. Comme celles du Métropolitain de Londres, elles sont très puissantes afin de démarrer facilement. Comme elles aussi, elles ont un appareil de condensation et une disposition du foyer et de l'échappement qui leur permettent de traverser la ville sans produire de fumée, de bruit, et sans qu'on ait à toucher au feu. Elles sont pourvues d'un frein à vide.

Les trains ne comprennent que des voitures de 2ᵉ ou de 3ᵉ classe à compartiments comme le matériel ordinaire des chemins de fer. Le plancher est plus bas que les essieux afin de n'avoir qu'un marchepied à franchir. Elles sont éclairées au gaz de goudron de lignite comprimé, que l'on fabrique à la gare de Silésie. Le personnel des trains se compose d'un mécanicien, d'un chauffeur et d'un conducteur.

Le prix du trajet entier est de 30 centimes, et celui d'une gare à l'autre est généralement de 12 centimes.

L'espacement des gares permet d'expédier des trains toutes les 5 minutes. Un pareil mouvement est exceptionnel, sauf, cependant, à certaines heures les dimanches et jours de fête. En général, les départs ont lieu toutes les 10 minutes entre la gare de Silésie et le Jardin Zoologique et toutes les 20 minutes entre la gare de Silésie et celle du Westend. Il n'y a des trains pour la Ceinture (Nord et Sud) que toutes les heures.

La vitesse des trains locaux est de 23 kilomètres, arrêts compris; en tenant compte des ralentissements et stationnements fixés à une demi-minute par station, elle atteint 46 kilomètres.

Le capital dépensé pour la construction du Métropolitain s'est élevé à 79 millions.

Avec les intérêts pendant la construction et les dépenses accidentelles, le chiffre de la dépense totale a atteint 87 500 000 fr., ainsi que nous l'avons dit plus haut. Les résultats financiers du Métropolitain de Berlin étaient loin d'être brillants à l'origine. Le produit net de l'exploitation et de la location des boutiques représentait à peine 2 pour cent du capital dépensé; depuis quelque temps la situation s'est améliorée. Mais si l'on considère les facilités nouvelles de transport et l'amélioration de l'hygiène publique que l'on doit à sa construction, le Métropolitain est une œuvre utile dont la population de Berlin apprécie tous les avantages. Dans la Métropole allemande, comme à Vienne, on compte en moyenne 50 personnes par maison habitée. Ce chiffre, comparé à ceux de Paris, de Londres et New-York, donne une idée de ce que peut être l'agglomération dans les quartiers ouvriers de l'Est.

A Berlin, comme à New-York, les tramways concourent avec les chemins de fer à desservir la ville, les faubourgs et la banlieue. Peu de capitales sont, au reste, mieux dotées sous le rapport des moyens de transport en commun.

Quelques lignes d'omnibus desservent la ville, mais elles sont généralement délaissées du public. Il n'en est pas de même des tramways construits sur le modèle américain et dont les cars ne comportent qu'une classe de voyageurs. Les tramways étaient d'autant plus faciles à établir à Berlin, que la plupart des rues sont larges et que le sol est plat. On ne compte pas moins de 19 lignes, dont l'une, de 14 kilomètres, forme une ceinture intermédiaire entre la Ringbahn et le centre de la ville. Au reste, presque toutes les stations de la Ringbahn sont reliées par des tramways aux principales places de Berlin.

Les tramways de Berlin appartiennent à trois compagnies qui ont en exploitation plus de 206 kilomètres desservis par 623 voitures et 2 852 chevaux. L'une de ces compagnies dite du : *Grand Tramway de Berlin*, a donné, en 1883, près de 10 pour cent (9 fr. 75) de dividende à ses actionnaires.

Les prix varient suivant la distance. Ils sont de 12 à 18 centimes pour les petits parcours et de 31 centimes pour les parcours moyens.

Berlin a comme Paris des vapeurs-omnibus qui desservent en aval et en amont de la ville les faubourgs et certaines localités de la banlieue. Le peu de largeur de la Sprée ne permet que la circulation de petits steamers, plus faibles d'échantillon que nos *Mouches* et nos *Hirondelles*.

VIENNE

La capitale de l'Autriche compte aujourd'hui plus de
1 160 000 habitants, y compris la population des faubourgs.
Comme à Berlin, la population est très condensée et on compte
de 40 à 50 personnes par maison. La cherté des loyers dans
les quartiers ouvriers oblige la classe des travailleurs à quitter
la ville pour se porter dans les environs. Cette décentralisa-
tion est favorisée par de nombreuses lignes de tramways qui
sillonnent le centre et les faubourgs, et par les services de
banlieue des six grandes compagnies de chemins de fer qui
aboutissent à Vienne.

Il paraît, cependant, que ces moyens de transport sont re-
connus insuffisants aujourd'hui, puisqu'on a songé à doter la
capitale de l'Autriche d'un chemin de fer Métropolitain.

Vienne n'a pas de chemin de fer de Ceinture comme Paris
et Berlin, mais une ligne de raccordement (Verbindungsbahn),
établie sur viaduc, qui met en communication les chemins de
fer du Sud et de l'État avec ceux du Nord et du Nord-Ouest.
Un ingénieur anglais, M. Foggerty, attaché autrefois à la
construction des Métropolitains de Londres, a proposé, en 1881,
de construire une ligne circulaire de 13 kilomètres qui, partant de la gare de François-Joseph, suivait en viaduc les terrains du canal du Danube et de la Vienne, et pénétrait dans
la banlieue de l'Ouest, en souterrain ou en tranchée, près de
l'abattoir de Meidling, pour revenir à son point de départ par
Nussdorf.

Contrairement à ce qu'on devait attendre d'un élève de M. Fowler, l'éminent ingénieur des Métropolitains de Londres, M. Foggerty, a adopté le système aérien de Berlin. Le viaduc devait porter six voies : deux pour le service local et quatre pour le trafic extérieur. Une gare monumentale devait être construite sur le quai François-Joseph.

Ce projet a complètement échoué. On prétend que M. Foggerty n'a pu réunir le capital nécessaire, les recettes probables n'ayant pas paru en rapport avec les dépenses considérables de premier établissement, dépenses qui faisaient ressortir à plus de 7 millions le prix par kilomètre. D'un autre côté, les grandes Compagnies ont manifesté une certaine hostilité à l'endroit du projet Foggerty.

On a renoncé pour le moment à la création d'un chemin de fer Métropolitain à Vienne. On a cru un instant pouvoir le remplacer par un chemin de fer électrique ne desservant que quelques parties de la ville et de la banlieue, mais rien n'est encore décidé à cet égard. En attendant, c'est la population ouvrière qui souffre le plus de l'ajournement du Métropolitain.

Tels sont les moyens de transport en commun en usage dans les grandes villes de l'étranger. Il nous reste à dire maintenant ce qu'ils sont à Paris, à indiquer les améliorations que l'on veut y apporter et à rechercher si ces améliorations sont de nature à satisfaire le public et à lui donner les facilités de déplacement que l'on trouve à New-York, à Londres et à Berlin.

PARIS

On a souvent comparé Paris à Londres. Au point de vue topographique et social, il y a, en effet, une certaine analogie entre les deux villes. L'une et l'autre ont à l'Est leurs quartiers ouvriers et manufacturiers, et à l'Ouest les riches résidences et les grandes promenades. Mais Londres seul a la *Cité*, à laquelle aucune partie de Paris ne saurait être comparée.

Si l'on envisage les deux métropoles au point de vue de l'étendue et de la population, il n'y a plus de comparaison possible. D'après des statistiques récentes, Paris a le quart environ de la surface de Londres, mais la population y est deux fois plus dense et le nombre d'habitants par maison quatre fois plus grand.

Grâce à ses chemins de fer, Londres s'étend tous les jours et il n'est pas possible d'assigner de bornes à son développement. Paris, au contraire, a des limites murales et fiscales qu'il ne peut franchir. Aussi sa population s'accroît-elle proportionnellement tous les ans bien plus que celle de la Métropole anglaise. Il suit de là que la cherté des loyers est moins à redouter à Londres qu'à Paris, où elle devient pour la classe peu aisée une véritable calamité.

« Au contraire de ce qui se passe à Londres, disent les Rapporteurs de la Commission municipale du chemin de fer Métropolitain, les travailleurs parisiens demeurant très généralement à proximité de leurs bureaux, de leurs magasins, de leurs ateliers, et, souvent, sous le même toit que le comptoir ou l'établi, il en résulte dans beaucoup de quartiers une densité

excessive de population ; aussi, lorsqu'arrive le jour du repos, le premier
besoin est de prendre l'air; mais pour prendre l'air il faut aller loin, et si
les moyens de transport sont coûteux, difficiles ou insuffisants, les hommes
sortent et prennent l'air au cabaret; la famille reste. Si, au contraire, le
voyage est facile, toute la famille part. La morale, l'honnêteté, le bien-être
et la santé y gagnent. »

Cette opinion des auteurs du Rapport, favorables à la construction d'un chemin de fer Métropolitain, est la même que
celle développée, il y a deux ans, devant la Société des Ingénieurs civils de Paris, par l'un des adversaires du projet,
M. Richard, ancien président de cette Société. Après avoir
comparé les chiffres de Paris et de Londres, M. Richard
disait :

« Que veut dire la comparaison des chiffres pour les deux capitales ?
« Elle veut dire qu'à Londres, la population n'est pas agglomérée; que
l'habitant a de grandes distances à parcourir pour aller de son habitation à
un centre quelconque d'affaires ou de plaisirs; qu'il lui faut, par conséquent,
de nombreux et rapides moyens de transport à grande distance, et qu'à
Paris, au contraire, le Parisien naît, demeure, travaille et vit sur le lieu
même de ses occupations. »

Et M. Richard ajoutait :

« Je parle ici des besoins pour les jours de semaine; les dimanches et
fêtes, les conditions d'existence de Paris sont tout à fait renversées : le
centre de la ville est presque désert, et la population presque entière se
porte au dehors. »

Ainsi, partisans et adversaires du Métropolitain semblent
d'accord sur ce point : que la population ouvrière de Paris, la
seule dont semble se préoccuper le Conseil municipal, n'a pas
journellement, comme celle de Londres, de grandes distances
à parcourir pour se rendre à son travail. D'où l'on pourrait
conclure que les deux villes n'ont pas un égal besoin de moyens
de transport rapides et à grande distance. Aussi avons-nous
vu Londres recourir dès 1863 aux chemins de fer Métropolitains, alors que Paris se contentait du modeste omnibus à 26 ou
à 28 places de la Compagnie générale qui a, comme on le sait,
le privilège des transports en commun dans l'intérieur de
Paris. Ce privilège, qui lui a été accordé en 1854 pour une pé-

riode de 56 ans, donne à la Ville le droit de contrôler les actes de l'entreprise, de lui imposer certains parcours, de régler le nombre des départs et de fixer les tarifs. Toutefois, il faut reconnaître que la population augmentant rapidement dans les derniers temps de l'empire, l'insuffisance de ce mode de transport commença à se faire sentir.

En 1866, le nombre des voyageurs transportés dans Paris par les omnibus seuls s'élevait déjà à 107 212 074, soit *soixante fois* environ la population parisienne à cette époque. En 1872, ce chiffre augmenté du trafic des bateaux-omnibus et de celui de la Ceinture, atteignait 118 millions de voyageurs.

Devant un pareil déplacement qui augmentait chaque jour, il était urgent d'aviser. Le Conseil général de la Seine autorisa le Préfet à concéder un premier réseau de chemins de fer Métropolitains et vingt lignes de tramways. On trouva des concessionnaires pour les tramways, mais, ainsi que nous l'avons dit, on n'en trouva pas de sérieux pour entreprendre les Métropolitains *sans subvention ni garantie d'intérêt*. Depuis cette époque, la circulation parisienne n'a fait que se développer. Dans l'espace de dix ans, la population s'est accrue de plus d'un cinquième, et le nombre des personnes transportées par les omnibus et les tramways en 1882 s'est élevé au double de celui des voyageurs d'omnibus en 1872. Enfin, dans les six premiers mois de l'année 1883, 141 millions de voyageurs, soit 783 700 par jour, pour une population de 2 240 000 habitants, ont fait usage des moyens de transport actuels. Londres seul offre un mouvement journalier aussi considérable. Ce qui manque à Paris, ce n'est pas l'élément à transporter, mais le moyen de le transporter en grande masse, à certaines heures de la semaine et les dimanches et fêtes, quand les Parisiens éprouvent le besoin de prendre l'air.

Le déplacement de la population se fait à l'intérieur de Paris dans des conditions d'économie et de confortable telles, que l'on prend aujourd'hui l'omnibus ou le tramway pour des trajets que l'on aurait faits autrefois à pied. A ce point de vue Paris n'a rien à envier à l'étranger. Moyennant 15 et 30 centimes, on peut parcourir de 7 à 13 kilomètres, ce qui représente un peu moins de 3 centimes par kilomètre ou le tiers des tarifs des chemins de fer de la banlieue de Paris.

Il y a trente ans, la Compagnie des Omnibus exploitait 24 lignes d'une longueur moyenne de 5 kilomètres. Les tarifs étaient les mêmes qu'aujourd'hui. Depuis plusieurs années, le nombre des lignes d'omnibus a été porté à 34, et la Compagnie leur a ajouté successivement 15 lignes de tramways. La longueur moyenne de ces différents services dépasse aujourd'hui 6 kilomètres et les tarifs n'ont pas varié, malgré l'augmentation progressive des salaires, du prix des chevaux, des fourrages et autres objets de consommation. Aussi, depuis dix ans le bénéfice de 3 centimes par voyageur, que le Conseil municipal de 1854 trouvait équitable, est-il réduit à 1 centime, tandis qu'il est de 2 centimes 57/100 pour la Compagnie des Omnibus de Londres, qui n'a pas de privilège.

En 1872, dans notre *Étude sur les moyens de transport en commun à Paris et à Londres,* nous disions :

« L'on doit reconnaître que la Compagnie générale des Omnibus de Paris est une des entreprises de transport les mieux organisées. »

Et nous avions soin d'ajouter :

« Le seul reproche grave à adresser à la Compagnie est l'insuffisance des départs sur plusieurs lignes. Cette insuffisance a pour résultat le complet des voitures à l'arrivée aux stations placées à peu de distance de leur point de départ. Le public est obligé d'attendre le passage de plusieurs omnibus avant de trouver de la place. »

Il y a douze ans que nous adressions ce reproche à la Compagnie des Omnibus et nous avons le regret de constater, avec tout le monde, que le mal loin de diminuer n'a fait qu'augmenter.

C'est qu'à Paris, comme dans toutes les grandes villes, toute amélioration dans les moyens de transport en commun accroît le déplacement de la population. Sur les lignes à grand trafic, l'installation des tramways ou la mise en service des voitures à 40 places a été suivie d'un accroissement immédiat et considérable du nombre des voyageurs. C'est ce que constate avec raison le Rapport de la Commission municipale du Métropolitain.

Nous ne citerons que deux exemples : l'un est relatif aux tramways et l'autre aux omnibus. De la gare de l'Est à Montrouge, la recette journalière de l'ancien omnibus ne dépassait pas 95 fr. 40. Depuis l'installation du tramway, avec un nombre de voitures et de places par voiture presque double, la recette moyenne par journée de voiture a été de 170 fr. 22 en 1881 et de 177 fr. 87 en 1882.

Sur la ligne Madeleine-Bastille, l'omnibus à 28 places devenant insuffisant, on l'a remplacé par la voiture à 40 places. Les départs ont lieu toutes les deux minutes pendant une partie de la journée. En 1882, la recette par voiture s'est élevée à 162 fr. 18 et la recette kilométrique à 575 000 fr. Le rendement le plus élevé des meilleures lignes de banlieue de nos chemins de fer n'atteint pas un pareil chiffre.

La Commission municipale du Métropolitain, en parlant de la ligne Madeleine-Bastille, reconnaît qu'il ne serait pas possible d'avoir un plus grand nombre de départs, que l'installation d'un tramway sur les boulevards compromettrait gravement le mouvement des voitures ordinaires et pourrait être une cause fréquente d'accidents. Et, cependant, elle évalue à plus de *dix millions par an* le nombre des voyageurs que les omnibus ne peuvent transporter.

Pour donner satisfaction à la population parisienne qui se plaint journellement de l'insuffisance notoire des moyens de transport actuels, le Conseil municipal a voulu imposer à la Compagnie un certain nombre de lignes destinées, d'après lui, à faire cesser en partie ce fâcheux état de choses. Mais la Compagnie se refuse à l'exécution des 12 nouvelles lignes reconnues nécessaires, parce qu'elle entraînerait, d'après elle, une perte annuelle de 4 500 000 francs. Elle aime mieux encourir la déchéance et réaliser son capital, que de le grever chaque année d'une perte considérable. Au point de vue de l'intérêt de ses actionnaires, la Compagnie des Omnibus a raison. Qui l'emportera du Conseil municipal ou de la Compagnie? L'avenir nous l'apprendra. En attendant, on ne peut que regretter une pareille situation et désirer vivement une prompte solution à un conflit qui dure depuis trop longtemps déjà au grand préjudice de la population parisienne.

Voici ce qu'écrivait, il y a quelques jours, à propos du Métropolitain, un journal de Paris fort répandu :-

« En 1883, la Compagnie des Omnibus a transporté 207 186 000 voyageurs ; en 1879, elle n'en avait transporté que 158 755 000 ; c'est une augmentation de 12 108 000 voyageurs en moyenne et par an.

« En 1888, d'après cette moyenne, la Compagnie des Omnibus transporterait 267 726 000 voyageurs.

« En 1878, année de l'Exposition universelle, l'augmentation du nombre des voyageurs de la Compagnie des Omnibus sur l'année précédente a été de 33 milions 142 000. En admettant que l'année du Centenaire donne la même augmentation, on peut évaluer à 301 millions le nombre de voyageurs à transporter en 1889 par la Compagnie des Omnibus.

« Or, déjà maintenant, il résulte du Rapport présenté au Conseil municipal en 1882 sur l'exploitation du Métropolitain, que la Compagnie des Omnibus laisse en souffrance plus de 50 millions de voyageurs qu'elle ne peut transporter, par suite de l'encombrement de ses voitures à certaines heures et à certains jours. C'était un tiers du nombre transporté en 1879. Si la même proportion subsiste en 1889, ce sera 100 millions de voyageurs laissés en souffrance par la Compagnie des Omnibus.

« Cela ne justifie-t-il pas l'urgence du Métropolitain ?

« Et encore sommes-nous certains qu'en 1889 la Compagnie des Omnibus pourra transporter 300 milions de voyageurs comme la statistique l'indique? »

Que conclure de ce que nous venons de dire de la ligne Madeleine-Bastille et que l'on pourrait appliquer à celle de l'Odéon-Clichy, etc.? C'est que si, d'un côté, on ne peut substituer un tramway à une ligne d'omnibus trop chargée, et que, de l'autre, les tramways eux-mêmes deviennent, dans les quartiers à grande circulation, une cause d'encombrement, il faut bien avoir recours aux chemins de fer installés au-dessus ou au-dessous du sol, de manière à ne pas gêner la circulation.

Il est certain que les tramways ne peuvent pas plus à Paris qu'à Londres et à New-York, tenir lieu des chemins de fer Métropolitains. Nous disions en 1872, dans notre *Étude sur les moyens de transport en commun à Paris et à Londres* : « L'encombrement qui se produit à certaines heures de la journée sur les points les plus fréquentés de la capitale est un obstacle à l'établissement des tramways sur ces points.

Et c'est là précisément où la circulation est active et les omnibus insuffisants, qu'il serait nécessaire d'avoir des moyens de transport de grande contenance. »

Il serait injuste, cependant, de ne pas reconnaître tous les services que les tramways ont rendus depuis dix ou douze ans à la population parisienne. Mais leur rôle doit se modifier avec la création des Métropolitains, et ils sont appelés, comme à Londres, à New-York et à Berlin, à être les auxiliaires les plus précieux de ces puissants moyens de transport, tout en réalisant encore de beaux bénéfices.

Avant de parler des chemins de fer comme moyens de transport en commun à l'intérieur des fortifications, nous dirons quelques mots des bateaux-omnibus de la Seine qui contribuent avec les services de terre à faciliter la circulation parisienne.

Cette exploitation date de 1867.

On cherchait à cette époque un moyen de transport à bon marché, de grande contenance et de nature à desservir directement l'Exposition du Champ-de-Mars. L'idée d'un service de vapeurs-omnibus sur la Seine avait été mise en avant, il y avait longtemps déjà, mais on ne l'avait cru jusqu'alors ni praticable ni fructueux. La construction récente du barrage de Suresnes, en maintenant les eaux à une certaine hauteur et en diminuant ainsi le courant sous certains ponts, devait faciliter la navigation des vapeurs-omnibus dans l'intérieur de Paris. L'emploi de l'hélice devenait possible et faisait disparaître une partie des inconvénients que l'on reproche aux bateaux à roues.

Deux compagnies, qui pour le public n'en forment qu'une aujourd'hui, desservent l'intérieur et la banlieue de Paris, en amont jusqu'à Charenton et en aval jusqu'à Suresnes.

Malgré le peu de confortable et la mauvaise tenue des bateaux et des pontons, le mouvement des voyageurs a considérablement augmenté depuis 1867. Il était à cette époque de 2 717 000 voyageurs ; en 1884, il a atteint le chiffre de 18 580 000. Les dimanches et fêtes les places manquent souvent. Une compagnie ayant le capital nécessaire souscrit et versé, doit commencer son service au printemps prochain. Trente-cinq bateaux élégants, confortables et réunissant tous les perfectionnements que la science a permis d'apporter à des exploitations de ce genre, sont à flot ou sur chantiers. Éclairage et signaux électriques, chauffage des salons, cabinets d'aisances, tente-abri sur tout le pont, banquettes en travers laissant la circulation libre sur les côtés, pontons commodes, avec bureau de distribution des billets et salles d'attente, telles sont les principales améliorations apportées au matériel fluvial. Les prix et les parcours seront ceux des vapeurs-omnibus actuels; les départs seront aussi fréquents mais la vitesse sera plus grande dans la banlieue. Ajoutons, enfin, que lorsque le service sera complètement organisé, on fera le trajet de Charenton à Suresnes sans transbordement et que les rives de la Marne seront desservies l'été de Charenton à Neuilly (Ville-Evrard).

En voilà plus qu'il en faut pour assurer à la Compagnie des Bateaux-Express la faveur du public.

On voit qu'à Paris, contrairement à ce qui se passe à Londres, la première place dans les services publics de voyageurs appartient aux omnibus et aux tramways, les chemins de fer ne prenant qu'une faible part au déplacement de la population.

Le réseau des voies ferrées intra-muros ne se compose que de la Ceinture (R.D. et R.G.) et des portions de grandes lignes comprises entre les terminus et les fortifications. L'ensemble atteint à peine 58 kilomètres, sur lesquels on ne compte que 37 gares ou stations. Il suffit de citer ces chiffres pour faire voir qu'au point de vue des relations par chemins de fer, Paris ne saurait être comparé à Londres.

Les grandes gares sont trop éloignées du centre de la ville et, en même temps, trop rapprochées de l'enceinte pour que l'on puisse utilement se servir des chemins de fer pour desservir les quartiers excentriques.

Nous ne parlons pas ici des lignes spéciales de banlieue, telles que celles d'Auteuil et de Vincennes, qui desservent plusieurs fois par heure, l'une le quartier des Batignolles, l'autre celui de Reuilly. Mais sur celles qui sont parcourues à chaque instant par des trains ayant des vitesses différentes — Express ou Omnibus — les services urbains ne sont possibles qu'en leur affectant des voies spéciales. Il ne faut pas perdre

de vue qu'un chemin de fer ne dessert convenablement l'intérieur ou les faubourgs d'une grande ville que s'il a, comme à
Londres, des départs fréquents et, autant que possible, également espacés. La sécurité et la régularité ne peuvent être
assurées qu'en imposant à tous les trains la même vitesse et
l'arrêt à toutes les stations. Une pareille mesure entraverait
le service des grandes lignes. C'est, au reste, ce qu'ont reconnu
les auteurs du Rapport de la Commission municipale du Métropolitain quand ils ont dit à propos de l'insuffisance du nombre
des trains de la Ceinture qu'ils reprochent au Syndicat des
Compagnies :

« Peut-on reprocher ces agissements à des compagnies dont le premier
souci doit être d'accomplir, avant tout, les services généraux, dont elles ont
la charge et la responsabilité ? Quelle objection faire, lorsqu'elles invoquent
des motifs de sécurité pour subordonner le service de l'intérieur et de la
banlieue aux mouvements extérieurs ? Nous ne supposons pas qu'on doive
s'étonner ni de ces agissements, ni de ces motifs. Ils sont dans la nature des
choses. »

Le chemin de fer de Ceinture exploité par le Syndicat des
Compagnies aurait-il pu, par des combinaisons suffisantes de
départs et de correspondances avec les stations centrales, rendre
des services considérables à la population, ainsi que le pré-
tendent les auteurs du Rapport, et ces messieurs ont-ils raison
d'ajouter :

« Mais par l'élévation des tarifs, surchargés encore les dimanches et fêtes,
par le peu de fréquence des trains, par l'isolement du centre, la population
a été éloignée de se servir de ce chemin de fer dont le mouvement de
voyageurs ne dépasse pas celui des plus modestes lignes d'omnibus ou de
tramways ! »

Nous croyons que MM. Cernesson et Deligny s'exagèrent
l'importance de la Ceinture comme moyen de transport des
voyageurs dans Paris, et ils nous semblent perdre trop de vue
l'origine de ce chemin de fer.

Destiné primitivement au transport des marchandises, il n'a
été utilisé pour celui des voyageurs qu'en 1862. Mais ce dernier
service a été regardé longtemps comme accessoire, la voie

ferrée traversant des quartiers peu peuplés et appelés plutôt à recevoir des constructions industrielles que des maisons d'habitation. De plus, les croisements à niveau de quelques grandes artères par les rails de la Ceinture ont toujours été considérés comme un obstacle sérieux à un mouvement actif de trains; enfin, la ligne circulaire parisienne n'a pas, comme le North London, quatre voies pour pouvoir expédier simultanément et plusieurs fois par heure des trains de voyageurs et de marchandises. Au reste, depuis l'ouverture de la grande Ceinture, la Ceinture de Paris n'a plus que le transport des marchandises locales; les passages à niveau tendent à disparaître, et il est question d'augmenter et la vitesse et le nombre des trains de voyageurs. En attendant, constatons que la surtaxe des dimanches n'existe plus aujourd'hui; que la ligne d'Auteuil, qui fait partie de la Ceinture, a, en semaine, huit départs par heure dans chaque sens; que la gare Saint-Lazare est reliée à celle de Bel-Air (ligne de Vincennes) par quatre départs par heure; que la Ceinture (R.D.), qui ne transportait en 1867 que 3 300 voyageurs par jour, en a transporté, pendant le premier semestre de l'année dernière, 22 505 *par jour*; qu'environ la moitié des lignes d'omnibus et le quart des lignes de tramways ne donnent pas un pareil résultat.

Le chemin de fer de la Ceinture se relie bien aux gares de marchandises, mais il ne communique pas directement avec les gares des voyageurs. Pour établir cette communication, il faudrait aujourd'hui faire des dépenses d'expropriation considérables qui ne seraient pas justifiées par un accroissement proportionnel du trafic.

La correspondance existe d'ailleurs entre les trains de la Ceinture et certains trains des Compagnies, et le voyageur peut l'utiliser pour entrer dans Paris, mais il sera toujours très difficile, sinon impossible, d'établir des concordances de passage entre le train circulaire et tous les trains transversaux; nous croyons l'avoir suffisamment démontré.

« Il n'est pas douteux, disait, en 1867, M. Léon Say en parlant de la Ceinture, que le mouvement de traversée de Paris ne soit beaucoup plus important que le mouvement circulaire. On croyait même à l'origine que le

mouvement circulaire ne prendrait jamais d'importance, et c'est là ce qui a
retardé pendant si longtemps l'ouverture aux voyageurs du chemin de fer
de Ceinture. Les Batignolles, Montmartre, La Chapelle, La Villette, Bercy,
tous ces faubourgs englobés aujourd'hui dans la grande enceinte de Paris,
ne contenaient pour ainsi dire que le trop-plein des quartiers intérieurs
touchant à ces faubourgs. Leurs relations les plus fréquentes étaient et sont
encore avec l'intérieur de Paris. Les faubourgs dont nous venons de
parler n'ont entre eux que des relations accidentelles ; ce qui les fait vivre,
c'est le Paris central. »

M. Léon Say a raison. Le mouvement de voyageurs de
faubourg à faubourg est insignifiant, si on le compare à celui
qui a lieu journellement entre la périphérie et le centre de
Paris. Tant que la voie ferrée qui doit donner satisfaction à ce
flot humain qui descend journellement du Nord vers le Sud
n'existera pas, la Ceinture ne sera un moyen de transport commode que pour ceux qui vivent à proximité des gares et qui
se rendent à un point quelconque avoisinant le chemin de fer.

Il en serait tout autrement si une branche indépendante partant de la station d'Ornano et aboutissant aux Halles centrales,
donnait à la Ceinture (Rive Droite) une entrée dans Paris. Ce
projet, que l'on doit à MM. Brame, Flachat et Grivot de Passy,
est un des plus anciens que l'on ait présentés pour doter la
Capitale d'un chemin de fer intérieur; il date de 1854.

Cette ligne, d'une longueur de 6 kilomètres, devait être
souterraine dans tout son parcours. Elle se raccordait à la
Ceinture par deux branches dirigées en sens contraire, l'une
vers les Batignolles, l'autre vers Bercy. C'était, on le voit,
l'application au réseau parisien de ce que l'on a fait pour le
North London, en construisant l'embranchement de Dalston
à Broad Street (Cité).

Le chemin de fer des Halles devait coûter environ 4 millions
par kilomètre, soit 24 millions pour la ligne entière.

Les recettes étaient évaluées ainsi :

Voyageurs	1 100 000 fr.
Marchandises	900 000
Total. . .	2 000 000 fr.
Dépenses calculées à 40 p. 0/0 des recettes.	800 000
Produit net. . .	1 200 000 fr.

Soit 5 pour cent du capital prévu.

Dans le projet présenté par MM. Buisson des Leszes et consorts, cette section du Métropolitain, réduite à 4 970 mètres, figure pour 23 millions.

Il n'a pas été donné suite au projet de M. Flachat, et les voyageurs de la Ceinture (R. D.) n'ont, comme moyen de transport pour aller de la région Nord aux Halles, que le tramway de la Chapelle au square Monge, qui transporte à lui seul plus de voyageurs que le chemin de fer, quoiqu'il n'ait à peu près que le tiers de sa longueur. Il est vrai que le tramway du square Monge a un mouvement annuel de plus de 960 000 voyageurs par kilomètre, chiffre très élevé pour un chemin de fer.

Depuis longtemps déjà les grandes Compagnies de chemins de fer se sont préoccupées de rapprocher leurs terminus du centre de Paris.

Il y a quarante ans, il était question de prolonger le chemin de Lyon jusqu'à la Bastille, celui de l'Est jusqu'au boulevard Saint-Denis et la ligne de Saint-Germain jusqu'à la Madeleine. On aurait eu ainsi le long de nos grands boulevards trois gares de départ importantes. Mais les Compagnies ont reculé à cette époque devant des dépenses d'expropriation qui seraient aujourd'hui bien plus considérables. Plus tard, il fut un moment question de joindre la gare du Nord à celle de Lyon par les boulevards extérieurs, mais on ne donna pas suite à ce projet. Les Compagnies n'avaient d'ailleurs qu'un intérêt secondaire à pénétrer plus avant dans Paris. Les dépenses n'étaient pas en rapport avec l'excédent des recettes qu'elles pouvaient espérer de ces prolongements. Comme l'a dit fort justement M. Perdonnet : « Les gares extrêmes de voyageurs ne doivent être rapprochées du centre des villes qu'autant que la dépense pour les rapprocher, dépense généralement considérable, serait en rapport avec les avantages qui en résultent. » C'est ainsi que les compagnies du Great Western, du Midland et du Great Northern, au lieu de chercher à pénétrer dans la Cité au prix d'énormes sacrifices, ont profité de l'établissement du Métropolitan et du District pour avoir en commun des gares centrales de voyageurs dans Londres.

C'est là un des nombreux avantages qu'offrent les Métropolitains dans les capitales et sans lequel leur rôle n'est qu'incomplet.

Il importe de se rappeler qu'à l'époque où il a été question d'avancer dans Paris les terminus des grandes Compagnies, l'idée d'utiliser les grandes lignes de chemins de fer pour les transports en commun dans les villes n'avait pas encore été mise en pratique.

On avait bien songé sous l'empire aux chemins de fer Métropolitains, mais il fallait pour cela ouvrir des chantiers sur plusieurs points de la Capitale, et on craignait de provoquer les plaintes de la population en augmentant sur ces points les entraves à la circulation. Paris semblait d'ailleurs devoir être une ville de luxe et de plaisirs.

La Commission technique nommée en 1871 par l'Administration pour étudier la question, était composée des ingénieurs de l'époque les plus compétents en matière de chemins de fer. De tous les projets qu'elle eut à examiner elle n'en retint que sept : quatre dans le système ordinaire, parmi lesquels figuraient le projet Flachat et le projet Le Masson qui a été le point de départ du projet Buisson des Leszes, et trois autres de systèmes nouveaux : un, entre autres, en souterrain à section réduite et celui de MM. Pochet et Lemoine qui reproduisait le mode de construction du chemin de fer aérien de Greenwich Street, à New-York.

La Commission, sans s'arrêter à la question du système, pensa qu'il n'y avait pas lieu pour le moment de fixer le programme d'un réseau complet, et qu'il suffisait de statuer sur les principales lignes qui répondaient aux besoins les plus urgents de la circulation ; que l'expérience de ces premières lignes ferait connaître si le système adopté devait être continué ou modifié d'après les résultats obtenus, et si on devait faire d'autres lignes.

En conséquence, la Commission classa au premier rang des lignes à construire : 1° une ligne partant du bois de Boulogne et allant à la Bastille par les boulevards intérieurs, passant par ou près la place de l'Étoile ; 2° une grande ligne transversale du Nord au Sud qu'on divisa en trois parties : la première, des Halles au chemin de Ceinture vers le Nord, par le boulevard Sébastopol; la seconde, du square Cluny à Montrouge, par le boulevard Saint-Michel; enfin le raccordement de ces deux parties par la jonction directe des Halles au square de Cluny. Mais comme cette partie était très difficile et très coûteuse à établir par les boulevards Sébastopol et Saint-Michel, la Commission décida que, dans le cas où les travaux présenteraient trop de difficultés, la jonction du square Cluny à la Bastille devait se faire par le boulevard Saint-Germain.

Quant à la question du système, la majorité de la Commission se prononça en faveur de la traction par locomotive, avec tunnel à section haute de 4^m,50.

La dépense était évaluée à 80 millions pour une longueur totale de 20 kilomètres, ce qui représentait une dépense de 4 millions par kilomètre.

Le Conseil général invita le Préfet à concéder le premier réseau à titre de chemin de fer d'intérêt local. La ligne du Nord au Sud ne devait être entreprise que lorsque celle de l'Est à l'Ouest aurait donné 400 000 francs bruts par kilomètre.

Aucune demande de concession ne s'étant produite, au mois de novembre 1875 la question fut reprise par le Conseil général qui vota des fonds pour une étude nouvelle du tracé.

L'Administration présenta un projet qui centralisait dans une gare placée sous le Palais-Royal, les différents rayons partant de ce point et rejoignant la Ceinture et les grandes gares de Paris. C'était, en réalité, un projet qui donnait plus satisfaction aux Compagnies de chemins de fer qu'au public. La longueur de ce réseau était de 28 kilomètres et devait coûter 159 millions, soit 5 700 000 fr. par kilomètre.

Le revenu probable était évalué à 275 000 francs de recettes brutes par kilomètre et à 137 500 francs de recettes nettes. On évaluait les frais d'exploitation à 50 pour cent des recettes brutes. Le Syndicat des grandes Compagnies exigeait de l'État et de la Ville une subvention de 95 millions pour se charger de la construction et de l'exploitation du réseau Métropolitain. Cette somme devait garantir un intérêt de 6 pour cent au capital complémentaire de 64 millions engagé dans l'entreprise. Le Conseil général n'ayant pas approuvé le projet, on refit une nouvelle étude qui portait le nombre de kilomètres de 28 à 36 et la dépense totale à 180 millions, soit 5 millions par kilomètre. Le chiffre de la subvention demandée était réduit à 80 millions. Le Conseil général n'approuva pas plus ce projet que le précédent, et la Commission ne déposa même pas son rapport. Sur ces entrefaites, le Ministre des Travaux publics et le Conseil général des ponts et chaussées avaient déclaré que le futur Métropolitain de Paris était d'intérêt général. Il y a dans la lettre écrite à ce sujet au Préfet de la Seine par le Ministre des Travaux publics au mois de juillet 1878, un passage intéressant à noter :

« Si le chemin de fer intérieur n'a pas la marchandise et les approvisionnements, aura-t-il cette affluence de voyageurs indispensable pour rémunérer au moins une bonne partie de la dépense à faire ? Il serait téméraire de l'affirmer en présence des avantages que présente l'établissement des tramways et du peu d'attrait qu'offre à la population parisienne le transport par un tube souterrain. »

En faisant déclarer le chemin de fer Métropolitain d'intérêt général, c'était le seul moyen de le soustraire au contrôle et à la direction du Conseil municipal de Paris.

D'après M. Deligny, les divers projets déposés et que l'Administration avait repoussés comme insuffisamment étudiés ou n'étant pas appuyés de capitalistes sérieux, ne demandaient pas de subvention. C'est probablement pour cela qu'ils n'ont pas trouvé les capitaux nécessaires et que l'affaire du Métropolitain attend depuis si longtemps une solution. Suivant les Rapporteurs de la Commission du Métropolitain, il paraît que les membres du Conseil municipal qui firent le voyage de Londres pour y étudier cette importante question, en revinrent avec cette conviction : *qu'un réseau de chemins de fer intérieurs était indispensable à Paris, et qu'il pouvait être exécuté sans subvention ni garantie d'intérêt.* Telle n'était pas, cependant, l'opinion de M. Huet, Ingénieur en chef des ponts et chaussées, chargé de l'étude des chemins de fer municipaux et membre de la Commission envoyée à Londres par un arrêté du 4 mai 1876, afin d'y étudier *les conditions d'établissement et d'exploitation des chemins de fer Métropolitains de cette ville.*

Après avoir reconnu qu'un réseau Métropolitain appliqué sagement à Paris rendrait des services, M. Huet terminait ainsi son rapport de mission :

« Toutefois, après l'examen que nous avons fait de la situation financière des deux principales Compagnies de chemins de fer Métropolitains de la ville de Londres, nous n'admettons pas que des chemins de fer soient jamais à Paris une affaire avantageuse par elle-même, et *qu'une Compagnie sérieuse puisse s'en charger sans subvention, ni garantie d'intérêt.* »

Après avoir présenté deux nouveaux projets qui furent écartés par décision ministérielle, MM. Buisson des Leszes et Blanchard, de la Société Nouvelle, déclarèrent se rallier à celui qui avait été arrêté par une conférence d'ingénieurs provoquée par l'Administration des Travaux publics (fig. 5).

Le tracé qu'on adopta était en grande partie conforme aux conclusions de la Commission spéciale de 1872. Les demandeurs en concession s'engageaient à exécuter le Métropolitain à leurs risques et périls, *sans le concours financier de l'État ou de la Ville.*

Le projet en question comprenait :

1° Une ligne de Saint-Cloud aux chemins de fer de Vincennes et de Lyon par Suresnes, Puteaux, l'Étoile, la gare Saint-Lazare, les rues du Quatre-Septembre, de Réaumur, Turbigo, les boulevards Voltaire, Richard-Lenoir, Bourdon et Diderot ;

2° Une ligne des Halles Centrales au chemin de fer de Ceinture (R. D.) ;

3° Une ligne de Montrouge (chemin de fer de Ceinture, R. G.) au boulevard Bourdon ;

4° Une ligne du square Cluny au pont de l'Alma ;

5° Une ligne du carrefour de l'Observatoire à la place de l'Étoile par la gare Montparnasse et le Trocadéro.

La longueur de ces différentes lignes était de 38 kilom. 045. La dépense prévue s'élevait à 117 817 310 francs, et avec les frais d'études, les frais généraux, etc., elle atteignait 150 millions.

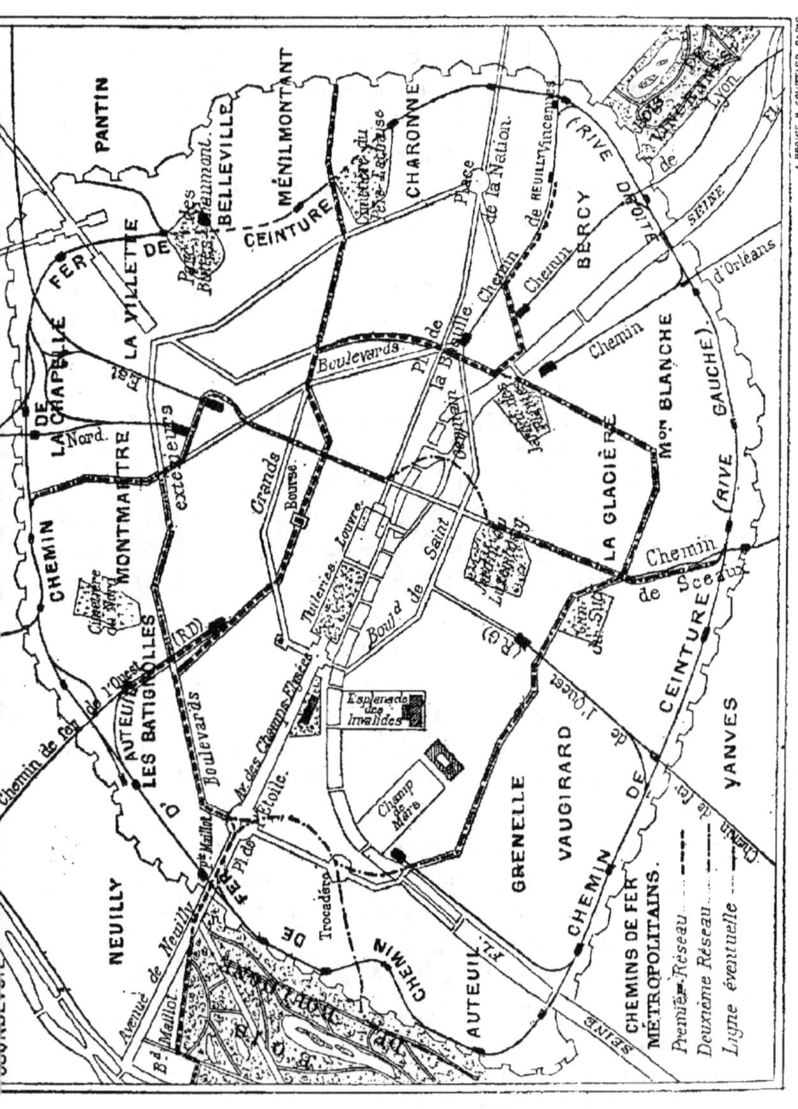

Fig. 5. Carte des chemins de fer Métropolitains de Paris.

Ce projet mis à l'enquête fut modifié à la suite de quelques observations et soumis ensuite au Conseil municipal qui l'approuva, en y ajoutant tout un réseau éventuel de 31 kilomètres environ. Dans la discussion qui a eu lieu au Conseil municipal au sujet du Métropolitain, on a reconnu que le réseau éventuel avait été très incomplètement étudié, et l'Administration a donné à entendre qu'il ne serait jamais exécuté. Le Conseil avait cru devoir, à ce sujet, se préoccuper d'un système de déversoir, le premier réseau que l'on suppose devoir être excellent devant payer pour le second dont le trafic ne sera vraisemblablement pas aussi rémunérateur. Mais le réseau éventuel et le déversoir sont, pour le moment, mis de côté.

La direction du Métropolitain échappant au Conseil municipal, la critique du Rapport de la Commission nous semble inutile. Signalons, cependant, un des derniers paragraphes, qui indique bien de la part du Conseil la résolution fermement arrêtée de disposer seul du Métropolitain : « *Nous demandons la séparation d'avec le chemin de fer de l'État par l'attribution de la propriété à la Ville, la séparation d'avec l'exploitation des services généraux par l'exclusion des Compagnies et la spécialisation de notre service.* » On prétend que le Ministre des Travaux publics aurait fait droit à cette exigence du Conseil.

Le Conseil général des ponts et chaussées, appelé à donner son avis sur le projet de MM. Buisson des Leszes et consorts corrigé et augmenté par le Conseil municipal, fut d'avis qu'il fallait déclarer d'utilité publique et concéder ferme :

1° La ligne partant d'un point à déterminer entre Puteaux et Suresnes sur le chemin de fer des Moulineaux et se raccordant, après avoir traversé Paris, à un point de la ligne de Vincennes à ou près Reuilly;

2° Les deux embranchements reliant la ligne précédente au chemin de fer d'Auteuil, d'un côté, près de la station des Batignolles et de l'autre à la Porte Maillot.

Le Conseil plaça dans le second réseau :

3° La ligne du Nord au Sud;

4° Celle du boulevard Bourdon à la place de l'Étoile par le Trocadéro et la gare Montparnasse;

5° La ligne du Trocadéro à Suresnes par Auteuil et Boulogne ;

6° Celle de la place de la République à Charonne.

Le Conseil général émit, de plus, l'avis qu'il fallait rétablir dans le Cahier des charges le paragraphe relatif au service des marchandises, aux traités de correspondance, au camionnage et aux embranchements particuliers qui auraient leur placement dans la banlieue.

Nous n'avons à examiner pour le moment que le premier réseau, celui qui a été concédé ferme.

Dans le projet remis au Ministre des Travaux publics par MM. Buisson des Leszes et consorts et approuvé par le Conseil municipal, le Métropolitain en quittant la ligne des Moulineaux franchit la Seine à la hauteur du boulevard de Madrid, suit le boulevard Maillot et l'avenue de la Grande-Armée jusqu'à l'Étoile, et continue en souterrain jusqu'à la Bastille, en passant sous l'avenue Wagram, le boulevard de Courcelles, la rue de Rome (gare Saint-Lazare), la rue Aubert, la place de l'Opéra, la rue du Quatre-Septembre, la Bourse, la rue Réaumur, la rue Turbigo, la place de la République, le boulevard Voltaire et le boulevard Richard-Lenoir. La Commission se conformant au programme de 1872, avait fixé le tracé à partir de la place de l'Opéra jusqu'à la Bastille par les grands boulevards, mais le Conseil municipal est revenu au tracé par la rue Réaumur. Il a été décidé que la Compagnie serait chargée de l'achèvement de cette rue, et qu'elle n'aurait droit à aucune indemnité. M. de Royon, architecte et commissaire voyer de la ville de Paris, estime que le percement de la rue Réaumur coûtera 73 500 000 francs.

Nous avons vu que la municipalité de Londres subventionne les Compagnies de chemins de fer qui ont des travaux de cette importance à exécuter. Il n'en est pas de même à Paris ; une Compagnie se charge de toutes ces dépenses et ne demande rien à la Ville ! Elle compte sur le public pour lui fournir le capital nécessaire !

Le tracé par la rue Réaumur a cet avantage, que la Compagnie ayant à faire la rue pourra prendre les dispositions nécessaires pour ventiler le souterrain. Si l'on suivait les grands

7

boulevards, on aurait des indemnités considérables de terrain à payer pour pouvoir y arriver, quand on aura reconnu, par expérience, que les mesures projetées ne sont pas suffisantes. Le Métropolitain devant être placé dans l'axe des rues, des prises d'air établies sous la chaussée assureront, dit-on, la ventilation d'une manière complète. Nous verrons plus loin ce qu'il faut penser de cette assertion si nettement formulée dans le projet de M. Buisson des Leszes.

Nous n'insisterons pas sur les travaux considérables qu'entraînera le remaniement des égouts, des conduites d'eau et de gaz placés sur le tracé du Métropolitain. Ce sont là des sujets de dépenses dont le public voyageur n'a pas à se préoccuper. Il n'en est pas de même des courbes de 150 mètres de rayon et des rampes de 2 centimètres par mètre, qu'il a fallu accepter pour éviter des expropriations trop coûteuses et ménager les paliers aux abords des stations.

Le profil transversal, les ouvrages d'art et la largeur de la voie seront les mêmes que ceux des grandes lignes. Les dimensions des tunnels — hauteur et largeur — seront supérieures à celles des souterrains des Métropolitains de Londres.

Malgré les rampes de 2 centimètres données au chemin aux abords de certaines gares pour les rapprocher le plus possible du sol, il y aura toujours une certaine quantité de marches à descendre pour arriver au niveau des quais.

Le tunnel du Métropolitain se trouvera, sur certains points, à 7 ou 8 mètres de profondeur, par exemple, lorsqu'il sera nécessaire de passer sous les collecteurs.

Dans un souterrain placé dans des conditions aussi anormales d'exploitation, il ne faut pas songer à employer la locomotive à vapeur ordinaire. MM. Mékarski et L. Francq l'ont victorieusement démontré à la Société des Ingénieurs civils. On doit donc se servir de locomotives à air comprimé ou à vapeur concentrée, ces deux systèmes, au dire de la Commission municipale, devant donner une solution satisfaisante.

On a adopté pour les voitures le type américain, porté sur deux avant-trains se pliant aux courbes les plus raides, comme le sont celles des chemins de fer aériens de New-York. Ces voitures, dont la circulation sur nos lignes de banlieue

présenterait de nombreux inconvénients, ne seraient pas
acceptées par nos grandes Compagnies dans le cas où les raccordements par rails permettraient l'échange du matériel
roulant.

Dans le projet soumis à l'enquête, MM. Buisson des Leszes
et consorts évaluaient la dépense de la ligne de Saint-Cloud à
Reuilly à 3 millions par kilomètre. La recette brute devant être,
d'après eux, de 317 000 francs et les frais d'exploitation étant
évalués à 40 pour cent de cette recette, le revenu net atteindrait
par kilomètre 190 200 francs ; ce qui représenterait 6,42 pour
cent du capital engagé.

Nous démontrerons plus loin, en invoquant le témoignage
d'ingénieurs compétents, combien ces chiffres s'écartent de
la vérité, et à quelles graves erreurs on s'exposerait si on les
acceptait comme exacts.

Tels sont les renseignements généraux, les plus intéressants
pour le public, que les diverses communications et publica-
tions sur le futur Métropolitain nous ont permis de recueillir.
Ils suffisent pour se rendre compte de ce que sera ce nouveau
mode de transport, des avantages et des inconvénients qu'il
présentera et du revenu probable des capitaux engagés dans
cette entreprise.

Disons tout d'abord que le projet tel qu'il semble devoir être
adopté en dernier lieu, est loin de satisfaire la population
parisienne. Cette perspective de voyager dans l'obscurité pour
aller de la Bastille au passage de l'Opéra n'a rien de bien
séduisant. Aussi, un des promoteurs les plus enthousiastes du
Métropolitain a-t-il eu soin de dire dans le Rapport de la
Commission *qu'il manquera d'agrément*. Nous sommes complètement d'accord avec M. Deligny sur ce point. Mais, au
moins, le chemin de fer souterrain, qui semble devoir être
construit au point de vue de la classe ouvrière, lui rendra-t-il
réellement les services que l'on invoque pour en motiver l'urgence ? Voici ce que disait à cet égard un ingénieur civil bien
connu, M. Chrétien, à propos du tracé du Métropolitain :

« Les défenseurs du Métropolitain projeté font un peu trop valoir les avantages qu'il offre à la classe ouvrière. A les entendre, il semblerait parfois

que ce chemin de fer est spécialement construit pour elle. Si tel était le but visé, c'est dans les quartiers excentriques de Montmartre, la Chapelle, la Villette, Belleville, Ménilmontant, etc., pour ne parler que de la rive droite, qu'il faudrait faire passer les noùvelles voies et les diriger vers l'intérieur de Paris.

« Je vois bien le flot humain qui, constamment, monte et descend les faubourgs ; mais je cherche en vain la ligne métropolitaine qui doit suivre ces voies.

« Je ne vois pas bien quels chemins de fer pourraient prendre les ouvriers de ces quartiers populeux pour se rendre à leur travail ; tandis que je vois très bien, au contraire, comment les habitants des quartiers aristocratiques de l'Etoile et du parc Monceau peuvent se rendre à l'Opéra, à la Bourse, à la Bastille, et aux différentes gares de chemin de fer éloignées de leurs demeures, s'ils doivent s'y rendre pour aller à leurs maisons de campagne, comme vient de le dire M. Deligny. »

Si l'on tient réellement à venir en aide aux travailleurs et à leur permettre d'arriver de la périphérie au centre de Paris, sans fatigue et à bas prix, ce n'est pas par la ligne de Saint-Cloud à Reuilly qu'il faut commencer le Métropolitain mais par celle de la Ceinture (R. D.) aux Halles centrales.

Quant aux logements d'ouvriers à bon marché que l'on trouverait à construire du côté de Levallois, de Saint-Ouen, de Clignancourt, etc., il n'y faut pas songer. Le Métropolitain ne dessert pas ces quartiers excentriques et cette partie de la banlieue de Paris, mais il dessert, aux environs de Saint-Cloud, les terrains achetés par la Société Nouvelle pour y édifier des maisons de campagne avec paiement à tempérament. Ce n'est certes pas là que l'ouvrier ira se loger.

Il paraît que l'objectif de la Commission municipale était le bois de Boulogne, le Champ de courses, Suresnes. Tout Paris ne peut pas arriver au bout du Bois, mais dans le Bois, dit-elle dans son Rapport (p. 17).

« L'idée de conduire le public au centre du Bois, nous semble peu compréhensible, fait remarquer avec raison M. Haag, Ingénieur en chef des ponts et chaussées. Les endroits intéressants à desservir, les champs de courses, par exemple, sont sur la périphérie, et, quant à l'intérieur du Bois, il nous semble que ce n'est pas en chemin de fer qu'on doit s'y promener... Et puis, enfin, au point de vue de l'agrément, on peut se demander s'il n'est pas contradictoire d'enfermer le public dans un souterrain où l'on est privé

d'air et de lumière pendant un long trajet, pour lui faire respirer l'air pur
ensuite. »

Il est à remarquer qu'à Londres le Metropolitan et le District desservent les parcs de Kensington et de Saint-James sans y pénétrer, et que, même dans les quartiers populeux de l'Est, les nouveaux projets de Métropolitains ne touchent pas à Victoria Park, qui est, pour les ouvriers de Bethnal Green et de Whitechapel, ce qu'est pour le travailleur de Belleville le parc des Buttes-Chaumont.

Le service du bois de Boulogne, qui semble être la préoccupation constante de la Commission, donnera-t-il les recettes qu'en attendent les demandeurs en concession? Il est permis d'en douter. Les 7 kilomètres qui forment la section de Saint-Cloud à la porte Maillot ne valent pas les 9 kilomètres de la ligne d'Auteuil. Or, l'année dernière, le nombre des voyageurs transportés a été sur cette ligne de 1 230 000 par kilomètre et la recette n'a pas dépassé 211 500 fr. environ. Il y a loin de ces chiffres à ceux que les promoteurs du Métropolitain prévoient pour la première section de leur réseau.

Il est bon de constater que le tracé choisi ne dessert pas directement les gares de Sceaux, d'Orléans et de Montparnasse, c'est-à-dire celles qui ont le plus besoin d'être rapprochées du centre. Les services de banlieue de ces Compagnies continueront à se faire comme aujourd'hui et la création du Métropolitain ne les facilitera en rien. Il y a là toute une source importante de produits qui échapperont au Métropolitain parisien, et que ceux de Londres ont su s'assurer dès l'origine. On nous répondra peut-être que la ligne de Saint-Cloud à Reuilly n'est que la première du réseau, et qu'il sera pourvu plus tard aux correspondances avec les gares désignées plus haut. Nous croyons, et beaucoup de personnes partageront notre manière de voir, qu'il faudra se contenter pendant longtemps encore de cette ligne unique.

Quoi qu'en disent les défenseurs du projet, les travaux à faire sous Paris présenteront des difficultés qu'il n'est pas possible de prévoir. A la profondeur à laquelle on devra descendre pour éviter les égouts, les conduites d'eau et de gaz, on rencontrera ces nappes d'eau souterraines qui rappellent l'existence et le cours du ruisseau de Ménilmontant, dont on a retrouvé la boue noirâtre dans les fouilles de l'avenue de l'Opéra. Il y aura là pendant les travaux un foyer d'infection, qui pourra devenir une cause d'épidémie quand il faudra transporter les terres d'égout.

La science de l'ingénieur triomphera, nous n'en doutons pas, de tous ces obstacles. C'est une question de temps et de beaucoup d'argent. Mais une des plus grandes difficultés que l'on rencontrera dans l'exploitation de la partie souterraine sera certainement la ventilation du tunnel. On nous permettra de nous arrêter un instant sur cette question qui intéresse tant le public.

L'installation de cheminées d'aération placées tous les 50 mètres ne donnera pas les résultats qu'en attendent les auteurs du projet.

Ainsi que l'a rappelé M. Chrétien à la Société des Ingénieurs civils, une cheminée allant d'un sous-sol à l'air extérieur, quelque haute qu'elle soit, ne produira pas un tirage ou une ventilation sans l'adjonction de la chaleur ou d'une force quelconque. Si la température extérieure est plus grande que la température intérieure, il n'y a pas de tirage possible ; c'est ce qui arrive pendant les chaudes journées d'été, à l'époque où une bonne ventilation serait surtout nécessaire. Aussi avons-nous vu les ingénieurs anglais installer des ventilateurs mus par des machines à gaz dans la partie souterraine des Métropolitains que l'on vient de terminer.

A la Société des Ingénieurs civils, l'ingénieur de la Compagnie du Métropolitain parisien répondait aux objections relatives aux difficultés d'aération, qu'elles étaient résolues par *l'emploi des machines à air comprimé ou à vapeur sans foyer*, et il ajoutait :

Aujourd'hui nous ne comprenons même pas que l'on puisse revenir sur cette question.

Que M. Soulié, Ingénieur des ponts et chaussées, nous permette de lui faire remarquer que ses aînés, MM. les Inspecteurs généraux membres du Conseil des ponts et chaussées, ont parfaitement admis ces difficultés quand ils ont eu à exa-

miner le projet en question. Elles leur ont paru si peu résolues
par l'emploi des machines à eau chaude ou à air comprimé,
qu'ils ont reconnu la nécessité d'un concours de locomotives
pour faire la traction du Métropolitain.

Nous sommes loin de contester les mérites des systèmes de
locomotives dont parle M. Soulié. Nous reconnaissons qu'elles
font un bon service sur les tramways où elles fonctionnent.
Mais nous sommes de ceux qui croient que, jusqu'à nouvel
ordre, la locomotive ordinaire est la seule qui donne des résultats certains pour la traction d'un Métropolitain souterrain. Nous ne nous expliquerions pas les dépenses considérables que viennent de faire le Metropolitan et le District, si
dans la section où l'aération laisse à désirer, il suffisait de remplacer la locomotive ordinaire par la locomotive à air comprimé ou à vapeur sans foyer.

En plaçant le Métropolitain sous les voies publiques, la
Compagnie évitera, nous n'en doutons pas, des frais considérables d'expropriation, mais si l'expérience démontre qu'il
faut employer la locomotive ordinaire, il y aura de grandes
dépenses à faire pour rendre tolérable le voyage dans la partie
souterraine.

On ne doit pas oublier que l'on aura à franchir des rampes
de 20 millimètres et des courbes de 150 mètres de rayon;
qu'en tunnel l'adhérence des machines diminue de moitié et
qu'il faudra des moteurs puissants pour assurer le service.

Au sujet de ces rampes et de ces courbes, M. Émile Level,
membre de la Commission technique des chemins de fer au
Ministère des Travaux publics et l'un de nos ingénieurs les
plus compétents en pareille matière, disait le 24 mai 1883 au
Conseil municipal dont il faisait partie :

« On vous propose de construire pour la voie un souterrain contenant
des courbes de 150 mètres de rayon, et des pentes de 2 centimètres par
mètre.

« Un mécanicien, arrivant à une telle courbe, ne peut voir à plus de
60 mètres devant lui. Eh bien ! supposez qu'un déraillement se produise
sur l'une des deux voies du souterrain, au passage d'une courbe, la machine
et les wagons renversés peuvent obstruer la voie latérale.

« Si sur cette voie arrive un train en sens inverse, le mécanicien de ce dernier train verra le danger lorsqu'il sera trop tard pour l'éviter ; il n'aura pas le temps de renverser la vapeur.

« Il y a donc là une impossibilité matérielle. Aucun ingénieur ne voudra assumer la responsabilité de pareils accidents. »

Mais M. Émile Level n'a pas borné là ses critiques du projet présenté par la Commission municipale ; il a voulu profiter de l'occasion qui lui était offerte pour dire ce qu'il en pensait. D'après lui, la question de traction n'a pas été sérieusement étudiée, et il estime que l'on ne peut employer que les locomotives ordinaires, tous les autres systèmes étant incertains. Il trouve que le chemin de fer souterrain ne pourra être ventilé que d'une façon insuffisante à l'aide de prises d'air ménagées dans les refuges ou dans les cours des maisons riveraines. Un tel système de ventilation lui paraît peu rassurant.

Dans le projet Buisson des Leszes, on ne paraît pas s'être beaucoup préoccupé de l'emplacement et de la disposition des stations. D'après les Rapporteurs de la Commission du Métropolitain, la *véritable station sera le quai du chemin de fer, et, dans ce cas, on n'aura besoin que d'un couloir et d'un tourniquet.* Ces messieurs citent comme exemple la gare de Cannon Street (du South Eastern), tête de ligne de la Cité.

Nous croyons que cette disposition, applicable aux terminus, ne peut pas l'être aux stations intermédiaires du Métropolitain. A Cannon Street, le couloir est placé en tête des voies et en face d'un quai commun aux voies d'arrivée et de départ des trains spéciaux de Charing Cross.

Dans nos stations métropolitaines, les quais placés parallèlement aux voies seront indépendants, et comme le chemin de fer sera dans l'axe des rues, il ne sera pas possible de construire la station en travers de la chaussée. On sera obligé de louer deux boutiques en face l'une de l'autre pour y installer les bureaux de billets. Si la Compagnie trouve plus convenable d'être propriétaire que locataire pour une période de 99 ans, il lui faudra acheter les maisons, ce qui entraînera dans certains cas une dépense considérable.

La critique générale du projet une fois faite, il nous reste à rechercher ce que coûtera une pareille entreprise et ce qu'elle rapportera.

On est très peu fixé sur le prix de revient du Métropolitain, les travaux souterrains entraînant toujours des dépenses imprévues. D'après les auteurs du Rapport de la Commission municipale, le kilomètre du Métropolitain de Londres ne serait revenu qu'à 8 800 000 francs, et les travaux ne figureraient dans cette somme que pour 2 900 000 francs. Ainsi que nous l'avons vu précédemment, M. Huet assigne à cette dépense un chiffre de 3 983 410 francs, ce qui élève de plus d'un million le prix par kilomètre. Le chiffre de M. Huet nous paraît plus près de la vérité que celui de la Commission.

Nous ne parlons pas ici, bien entendu, de la partie construite entre Mansion House et Aldgate Street pour l'achèvement de l'Inner Circle. Le coût des terrains et des travaux s'est élevé à 48 millions par kilomètre, comme nous l'avons dit, et il reste encore bien des dépenses à faire.

Les auteurs du projet Buisson des Leszes évaluent la *dépense totale* (terrains, indemnités, travaux, etc.) à 3 810 000 francs par kilomètre pour l'ensemble du réseau. La Commission municipale admet le chiffre de 4 millions, et M. le Directeur des Travaux croit que la dépense atteindra 5 millions [1]. C'est ce dernier chiffre que l'on trouve dans l'un des projets les plus consciencieusement étudiés qui aient été présentés, et que l'on doit à M. Letellier, ingénieur, ancien chef du bureau des Études au chemin de fer du Nord. Le projet de M. Letellier comprend : deux lignes circulaires, l'une suivant à peu près les boulevards extérieurs, l'autre les grands boulevards ; deux lignes transversales, la première de la Bastille à Courbevoie, la deuxième de La Chapelle (Ceinture R. D.) à la porte de Vanves (Ceinture R. G.). Le travail de M. Letellier, auquel on a fait de nombreux emprunts, a été consulté à plusieurs reprises par la Commission municipale du Métropolitain comme l'un des plus complets et des plus pratiques.

Ce chiffre de 5 millions est considéré aujourd'hui comme trop faible, même avec la concession des voies publiques,

---

1. Au Conseil général des ponts et chaussées, l'auteur du rapport sur le Métropolitain, a évalué le coût par kilomètre à 6 350 000 francs.

parce que la main-d'œuvre a sensiblement augmenté depuis 1873. Acceptons-le cependant.

L'intérêt à 5 0/0 de cette somme est de 250 000 francs. Avec les tarifs actuels des omnibus, dont le produit moyen est de 18 centimes, et en admettant que le rapport de la dépense à la recette ne soit que de 112 millimes comme à Londres, le produit net par voyageur ressortira à 68 millimes. Il faudra dès lors transporter annuellement par kilomètre plus de 3 670 000 voyageurs pour servir 5 0/0 au capital engagé.

« En effet, dit le Rapport de la Commission municipale, avec le produit moyen de 18 centimes par voyageur, laissant après 112 millimes de dépense un produit net de 68 millimes, il faut, pour assurer 5 0/0 d'intérêt à 3 000 000 de francs un mouvement de 2 200 000 voyageurs; pour un capital de 4 000 000 de francs, il faut 2 950 000 voyageurs ; cela ne paraît accessible que difficilement. »

Et, à plus forte raison, un chiffre de 3 670 000 voyageurs nécessaires pour pouvoir donner 5 0/0 à un capital de 5 millions.

A propos du trafic probable, M. Deligny dit dans sa brochure sur le Métropolitain de Paris :

« On doit donc considérer que sur le premier réseau réduit aux lignes principales indiquées dans l'avis du Conseil général des ponts et chaussées, le mouvement atteindra immédiatement 2 millions et demi de voyageurs par kilomètre pour le dépasser bientôt. »

Mais la Compagnie a trouvé ce chiffre probablement bien au-dessous de la réalité, car, dans une Note que nous avons sous les yeux, le revenu kilométrique est évalué à 599 542 francs, ce qui représente à 19 centimes — prix moyen payé, selon elle, par les voyageurs dans les omnibus et tramways — un mouvement kilométrique de 3 155 484 voyageurs.

Voyons comment ce nombre de 3 155 484 voyageurs a été trouvé. Le moyen est, au reste, bien simple. Il consiste à prendre tout le trafic des lignes d'omnibus et de tramways plus ou moins parallèles au Métropolitain et à l'appliquer au chemin de fer pour le parcours qu'il a en commun avec elles. Ainsi la ligne de la gare Saint-Lazare à la place Saint-Michel a un parcours de 1 kilomètre sur les chaussées au-dessous

desquelles doit être établi le Métropolitain. Le produit kilométrique de cette ligne étant de 237 640 francs, cette somme
est considérée comme acquise au chemin de fer. Il en est de
même de la ligne de la porte Maillot à l'Hôtel de Ville pour la
partie comprise entre la porte Maillot et la place de l'Étoile.
La Compagnie ajoute à cette recette d'un kilomètre environ
celle des 3 kilomètres du tramway de l'Étoile à Courbevoie,
celle des 9 kilomètres du tramway de la Madeleine à Suresnes, etc. Et, cependant, il est facile de voir que le tracé
du Métropolitain ne dessert pas plus directement l'avenue de
Neuilly et Courbevoie que le boulevard Pereire et le quartier
Bineau.

Une fois ce système de comptage adopté, la Compagnie
devait trouver facilement à augmenter le chiffre probable de
ses recettes. Elle n'a pas hésité à s'attribuer la moitié des
voyageurs arrivant ou partant par les gares de Saint-Lazare,
de Lyon, de Vincennes et d'Orléans... qu'elle ne dessert pas !

Dans une Étude sur les tramways parisiens du réseau Sud,
faite dans un journal bien connu par une Banque qui avait
entrepris le placement des titres, on cherchait à éblouir le
public en exagérant le mouvement probable des voyageurs.
Le chiffre donné pour la ligne de l'Étoile au Trône était entre
autres tellement invraisemblable qu'il faisait dire au *Journal
des Travaux publics :*

« Cette énumération pourrait s'étendre aux gares de l'Ouest, de Lyon
et d'Orléans, et ainsi la France et l'Europe seraient tributaires du réseau
Sud. »

Ne pourrait-on pas en dire autant du futur Métropolitain ?
Ce n'est pas la première fois que l'on a recours à ce système
de comptage. En 1872, presque tous les auteurs des projets de
Métropolitains avaient évalué de la sorte le nombre des voyageurs probables et, par suite, la recette kilométrique. Mais ce
qui pouvait être vraisemblable en 1872 ne l'est plus en 1885 ;
l'expérience de Londres et de New-York l'a prouvé.

On croyait, il y a douze ans, que la création des chemins
de fer Métropolitains devait diminuer sensiblement le trafic
des omnibus et autres modes de transport en usage dans les

villes, de même qu'un chemin de fer établi dans une contrée annihile la circulation sur les routes qui lui sont parallèles. Mais il n'en est pas ainsi dans les grandes villes où les petits parcours sont les plus nombreux et où les points d'arrêt des chemins de fer, déterminés à l'avance et placés soit en l'air, soit sous terre, sont toujours trop espacés pour donner satisfaction aux besoins du public. Cette observation s'applique surtout à Paris où les courses ne sont généralement pas longues, et où les omnibus et les tramways voient sur les lignes fructueuses les voyageurs se renouveler souvent.

Le Métropolitain parisien, comme tous les Métropolitains connus, est destiné plutôt à faciliter les grands parcours que ceux de 500 à 600 mètres. Avec un espacement moyen de 900 mètres entre les stations, on aimera toujours mieux monter en omnibus ou en tramway que de prendre le Métropolitain. Avec l'omnibus ou le tramway, on mettra près de 7 minutes pour parcourir 900 mètres ; on n'en mettra, il est vrai, que 3 avec le chemin de fer, mais il faudra aller le prendre à la station, descendre dans le souterrain, attendre sur le quai le passage du train et remonter à la station suivante pour se retrouver sur la chaussée. Tout cela demandera bien 4 minutes ; nous ne parlons pas de la fatigue qui se fera sentir à la fin de la journée quand on se sera servi à plusieurs reprises du chemin de fer.

Et ceci est tellement vrai qu'à Londres ce sont ces petits parcours, dus au déplacement fréquent de la population, qui font vivre aujourd'hui les omnibus et les tramways. L'Anglais, comme l'Américain, ne va pas à pied quand il peut gagner du temps en se servant du *'bus* ou du *tram*.

Dans tout ce que nous venons de dire des recettes probables, nous avons supposé que le tarif actuel des omnibus était appliqué au Métropolitain. Avec le système des trois classes et les tarifs proportionnels à la distance que propose la Commission ministérielle du Métropolitain, on arrive à des prix plus élevés pour tous les parcours dépassant 4 kilomètres. Les nombreux employés qui habitent l'ancienne banlieue de Paris pour raison d'économie : Neuilly, les Ternes, les Batignolles et qui ne pourront profiter des trains à prix réduits du matin, paieront par le Métropolitain plus cher que par les omnibus pour se rendre dans le centre de Paris. Quant à des réductions de tarifs accordées aux porteurs de billets collectifs du Métropolitain et des grandes Compagnies, il serait téméraire d'y compter. Entre les mains d'une Compagnie *spéciale*, le Métropolitain aura fort à faire pour lutter contre ses puissants voisins. Englobé dans leur réseau, il sera à leur merci, quelque soin que l'on prenne pour assurer son indépendance.

Il faut donc faire la part des modes de transport en commun autres que les Métropolitains et, pour enrichir ces derniers, il serait imprudent de leur attribuer toutes les recettes des premiers. Sans doute la circulation parisienne se développera dans des proportions considérables par la création d'un moyen de transport perfectionné, mais il ne faut pas en exagérer le rendement en prenant pour exemple les Métropolitains de Londres qui ne sont pas placés dans les mêmes conditions.

Dans le Rapport sur le Métropolitain parisien publié par la Compagnie, on lit, page 40 :

« Le chemin de fer Métropolitain de Londres, d'une longueur d'environ 16 kilomètres, donnait en 1867, après trois ans d'exploitation, une recette brute kilométrique de 700 000 francs. »

En 1867, il y avait cinq ans que le Métropolitan était ouvert et son produit brut kilométrique était de 627 830 francs et non de 700 000 francs ; il correspondait à un mouvement de 2 491 500 voyageurs. La longueur exploitée ne dépassait pas à cette époque 9 400 mètres. Ce n'est qu'en 1875, c'est-à-dire treize ans après l'ouverture de la première section, que le Métropolitan a donné une recette kilométrique de 702 970 francs correspondant à un mouvement de 3 005 200 voyageurs.

L'ouverture du Metropolitan répondait à un besoin commercial qui n'existe pas à Paris : celui d'un mode de transport rapide, à départs fréquents, entre la Cité et le West-End.

La perspective de voyager en partie en souterrain effrayait moins les habitants de Londres qu'elle n'effraiera les Parisiens.

En effet, que fait au Londonnien l'ennui de voyager sous terre au milieu de la fumée et de l'obscurité ; la voie publique lui offre une grande partie de l'année les mêmes inconvénients.

Mais le Parisien, qui aime le soleil et le mouvement de la rue, renoncera difficilement pour les petits parcours à la lumière et au grand air, pour aller voyager dans l'humidité et respirer les émanations fétides des égouts voisins. Oui, M. Deligny a raison : le Métropolitain de Paris manquera d'agrément et les recettes s'en ressentiront.

Quant aux frais d'exploitation, il faut admettre que le rapport de la dépense à la recette dépassera le chiffre de 40 0/0 admis par les auteurs du projet.

En effet, les frais de traction seront toujours plus élevés sur le Métropolitain de Paris que sur ceux de Londres, l'emploi des locomotives ordinaires et le bas prix de la houille permettant d'obtenir des économies irréalisables avec les divers moteurs que l'on propose pour le chemin de fer parisien. Pendant l'année 1884, les dépenses du Métropolitan ont dépassé les 40 0/0 des recettes. Peut-on espérer faire mieux à Paris où les exigences du contrôle de l'État ne peuvent manquer d'imposer à la Compagnie des dépenses supplémentaires inconnues des chemins de fer de Londres, sous le prétexte très plausible d'assurer la sécurité de la circulation ? Nous ne le pensons pas, et tous ceux qui ont étudié dans leurs détails l'exploitation des chemins de fer en Angleterre et en France partageront, nous n'en doutons pas, notre manière de voir.

Le projet Buisson des Leszes a été vivement critiqué au Conseil municipal par M. Émile Level, quand il a dit :

« Si vous construisez un chemin de fer aérien, vous aurez un instrument parfait, des courbes de grand rayon, de faibles pentes, et, par conséquent, une bonne vitesse.

« Si, au contraire, vous adoptez le mode souterrain, vous n'aurez qu'un instrument imparfait et dangereux.

« La Commission estime que le Métropolitain doit être souterrain, se fondant sur l'avis de la Commission d'enquête.

« Mais ne pouvait-on pas rechercher si à côté du projet proposé, qui nécessiterait des voies souterraines, il n'y avait pas place pour d'autres projets qui auraient permis de tracer des voies à ciel ouvert, dans le genre de celles du Métropolitain anglais.

« Le Métropolitain anglais passe sous les maisons. Tous les ans, les directeurs font l'acquisition d'un certain nombre de ces maisons, et, tôt ou tard ils arriveront, s'ils le veulent, à découvrir entièrement leurs voies.

« Le projet de la Commission aurait pour conséquence de priver d'air et de lumière les voyageurs du futur Métropolitain. »

Ce que disait M. Émile Level au Conseil municipal, M. Ernest Marché, président de la Société des Ingénieurs civils, le disait sous une autre forme dans la séance du 18 mai de l'année dernière :

« Comme fait, nous avons à tenir compte du projet Haag et du Rapport qui vient d'être soumis au Conseil municipal par MM. Deligny et Cernesson.

« Si les conclusions de ce Rapport sont très nettes en ce qui concerne le tracé, il faut reconnaître qu'il n'en est pas de même pour la *possibilité d'exécution* de longs tunnels sous le sol de Paris, l'aérage de ces tunnels et le choix des moyens de traction. C'est la question technique, celle que nous devons discuter ici, sur laquelle semble régner la plus grande incertitude. »

En présence de la répulsion qu'éprouvent les populations des villes à voyager sous terre et de la condamnation du système des tunnels par les Sociétés techniques, plusieurs ingénieurs de mérite ont présenté d'intéressants projets de chemins de fer aériens.

Si l'espace nous le permettait, nous ferions connaître dans leurs détails ceux qui paraissent les plus sérieux et les plus pratiques, mais nous devons nous borner à n'en dire que quelques mots.

Parmi ces projets les uns, comme celui de M. Chrétien, rappellent les voies ferrées aériennes de New-York, qui sont isolées du réseau extérieur des chemins de fer.

Les autres, au contraire, comme ceux de MM. Heuzé et Haag, taillant en pleine ville la place du chemin de fer, cherchent à concilier le service local et le service de grande ligne en se raccordant aux voies des grandes Compagnies.

Le chemin de fer aérien de M. Chrétien est formé d'un rang de colonnes creuses en fonte supportant un viaduc métallique à deux voies (fig. 6). L'espacement de ces colonnes est de 15 mètres sur le terre plein et de 40 à 50 mètres sur les chaussées parcourues par les voitures. L'élévation du viaduc est de 5 à 6 mètres au-dessus du sol.

Le service serait fait par des voitures automobiles à 50 places, roulant séparément ou groupées par deux, suivant le nombre des voyageurs.

La traction aurait lieu au moyen de machines à vapeur fixes, convenablement placées et actionnant des machines magnéto-électriques Gramme qui produiraient l'électricité nécessaire. Cette électricité serait distribuée sur tous les points du parcours par des fils de cuivre établis le long de la voie. Chaque

Fig. 6. Chemin de fer électrique de M. Chrétien.

voiture porterait une machine magnéto-électrique, qui recevrait l'électricité envoyée par les fils et tournerait à la vitesse voulue. Le mouvement ainsi obtenu serait transmis aux roues du véhicule par un mécanisme approprié.

Les départs pourraient avoir lieu toutes les minutes.

La vitesse imprimée aux voitures étant de 400 mètres à la minute, avec des stations espacées de 340 à 400 mètres, il s'ensuit qu'un véhicule quitterait une station lorsque celui qui le précède aurait atteint la station suivante. Cette application du *Bloc System* au chemin de fer électrique et l'absence de croisements de voie et d'aiguillage donnent au système une sécurité absolue dans l'exploitation.

Le prix d'établissement varie de 1 250 000 fr. à 1 750 000 fr., matériel compris, suivant que le viaduc repose sur des colonnes espacées de 15 mètres ou de 50 mètres.

Le chemin de fer électrique de M. Chrétien nous semble appelé à recevoir de nombreuses applications pour les lignes d'embranchement du réseau parisien, là où le raccordement avec les voies des grandes Compagnies n'est pas nécessaire.

Fig. 7. Chemin de fer aérien dans une rue privée. Projet de M. Heuzé.
(Gravure extraite du *Génie civil*.)

En 1882, l'inventeur a offert à la Ville de construire à ses frais, risques et périls, sans subvention ni garantie d'intérêt, deux lignes desservant les boulevards Voltaire, de Magenta, Richard-Lenoir, de la Contrescarpe et le pont d'Austerlitz. Le Conseil municipal ne semble pas avoir donné suite à cette proposition.

Le projet de M. Heuzé consiste à construire entre la gare du Nord et celle de Montparnasse une rue privée de 5 kilomètres de long et de 13 mètres de large où les piétons seuls pourraient circuler. On placerait au milieu de cette rue une double rangée de colonnes supportant un tablier métallique qui recevrait deux voies de chemin de fer (fig. 7).

L'expropriation seule est évalué à cent millions pour une longueur de 5 kilomètres sur une largeur de 13 mètres. Ce projet serait complété par une ligne de Ceinture intérieure dont la rue projetée formerait le diamètre, et qui relierait les gares d'Orléans, de Lyon, de Vincennes à celle de l'Ouest et au premier réseau transversal. Elle aurait 5 kilomètres et demi. L'ensemble serait de 11 kilomètres sur 13 mètres de largeur, pour relier toutes les gares, les halles et les postes et desservir le Palais de Justice.

Le projet de M. Haag se distingue des précédents en ce qu'il a pour but simultanément une vaste opération de voirie dotant Paris de voies nouvelles et la création d'un Métropolitain reliant les grandes gares entre elles. C'est, avec une dépense plus grande, ce qui a été fait à Berlin.

M. Haag propose de joindre la gare Saint-Lazare à celle de Lyon par une large voie au milieu de laquelle serait construit un viaduc en maçonnerie portant un chemin de fer à quatre voies (fig. 8).

En partant de la rue d'Amsterdam, qu'il franchirait par un pont après s'être relié aux rails de l'Ouest, le chemin de fer se dirigerait vers le faubourg Montmartre, parallèlement à la rue Lafayette, couperait le faubourg Poissonnière près de la rue Rougemont, passerait près de la Bourse où serait la gare centrale, desservirait les Halles et, par un embranchement, le nouvel Hôtel des Postes, traverserait le dépôt des Omnibus du boulevard Bourdon, franchirait le boulevard de la Contrescarpe et arriverait à la hauteur des voies du chemin de fer de Lyon. La ligne de Vincennes serait raccordée à l'artère principale par un embranchement sur viaduc métallique suivant le boulevard Diderot. La longueur de cette artère serait de 5 kilomètres et demi et de 6 kilomètres avec le raccordement de Vincennes.

De la rue Lafayette (passage des Deux-Sœurs) partirait un embranchement, passant à ciel ouvert entre les rues des Martyrs et Milton et en tunnel à partir de la rue Choron, qui irait rejoindre une gare souterraine placée sous celle du Nord. Un réseau complémentaire, formant une demi-ellipse dont l'artère principale serait le grand diamètre, relierait les gares d'Or-

léans, de Sceaux et de Montparnasse à celles de Lyon et de
l'Ouest. Mais M. Haag estime avec raison que l'artère principale, dont la longueur avec les raccordements de Vincennes
et du Nord serait de 8 kilomètres, suffirait quant à présent. Ce
premier réseau (rue et chemin de fer) coûterait 540 millions.

Le produit se composerait de la location des boutiques à
installer sous le viaduc et des recettes du chemin de fer, le
tout évalué par M. Haag à 9 ou 10 millions.

Ce projet a été très sérieusement et très consciencieusement
étudié par son auteur. Il n'y a pas d'aléa à redouter comme

Fig. 8. Coupe transversale du Métropolitain sur viaduc en maçonnerie
de M. Haag.

dans le projet Buisson des Leszes et le parcours de la voie
aérienne sera toujours plus agréable que celui du souterrain.
Mais on se trouve en face d'une dépense de premier établissement trop élevée pour tenter des capitalistes sans une forte
subvention ou une garantie d'intérêt de la part de l'Etat et de
la Ville. Le projet de M. Haag a ce qui manque à celui de l'Administration : les sympathies de la population parisienne.

Le chemin de fer Métropolitain ne doit pas s'arrêter aux
fortifications. Dans un avenir prochain il faut qu'il les fran-
chisse, si d'ici là elles ne disparaissent pour rendre à la construction une zone considérable de terrain inutilisé jusqu'à ce
jour. Au delà de l'enceinte, le Métropolitain ne doit pas pré-

senter de mode spécial de construction. Il sera établi comme
tous les chemins de fer qui desservent la banlieue de Paris,
c'est-à-dire à travers champs, ne pouvant utiliser, comme l'ont
fait les tramways, les magnifiques routes qui pénètrent à l'intérieur de la capitale. Il y aura là des expropriations considérables qui auront pour effet d'élever sensiblement le prix du
kilomètre. Dans un projet étudié par l'Administration, à la
demande du Conseil général de la Seine, pour desservir les
communes environnantes de la rive droite, la dépense d'établissement était estimée à 800 000 francs par kilomètre et la
recette brute à 140 000 francs. Aujourd'hui, comme le fait
remarquer M. Deligny, il faudrait évaluer le kilomètre à
1 million, et l'ensemble coûterait de 70 à 75 millions.

« Il n'est pas probable, ajoute-t-il, que l'affaire puisse être entreprise
sans une intervention sérieuse du département dont les intérêts la justi-
fieraient pleinement d'ailleurs. Le concours de l'État serait également justifié
en raison du service commercial et industriel de ce réseau. »

Mais en attendant que l'État et le département se mettent
d'accord pour subventionner des chemins de fer de banlieue à
1 million le kilomètre, il importe d'assurer à l'aide des tramways actuels, transformés en chemins de fer sur routes, le service des environs de Paris. Si le concours financier de l'État
et du département sous forme de subvention ou de garantie
d'intérêt est indispensable pour opérer cette transformation,
nous trouvons tout naturel qu'on l'accorde aux tramways extérieurs. Il sera toujours moins élevé que celui que nécessitera
l'établissement d'un réseau suburbain à 1 million le kilomètre.

Nous avons aux portes de la capitale deux petites lignes de
ce genre, celles de Rueil à Marly-le-Roi et de Villiers-le-Bel
(gare) à Villiers-le-Bel (ville), qui sont exploitées de cette manière depuis plusieurs années, et qui rendent aux habitants de
ces localités des services qu'ils apprécient chaque jour.

Avant de se préoccuper du réseau de la banlieue parisienne,
le Ministre des Travaux publics a concédé, dit-on, à une Compagnie le réseau du Métropolitain.

Voici ce que l'on pouvait lire, il y a quelques temps, dans
les journaux *qui passent généralement pour être bien informés :*

« Le Ministre des Travaux publics a signé une convention relative à la concession définitive du premier réseau et à la concession éventuelle du second réseau du chemin de fer Métropolitain.

« Le premier réseau comprend une ligne principale de 23 230 mètres, de Puteaux à Reuilly, avec embranchements de la gare Saint-Lazare aux Batignolles, à la gare du Nord et à celle de l'Est avec retour vers le boulevard Sébastopol.

« Le second réseau ne sera exécuté que lorsque les revenus du premier auront donné au capital-actions un *intérêt de 6 pour cent, à moins que l'Etat usant d'un droit qu'il se réserve n'oblige la Compagnie à le construire auparavant, à condition par lui de donner une garantie de 4 0/0 à l'ensemble des capitaux engagés dans le premier comme dans le second réseau.*

« La concession est faite pour 99 ans *sans subvention ni garantie* d'intérêt.

« La dépense est évaluée pour le premier réseau à 125 millions environ, y compris les intérêts sur les actions et les obligations pendant la période de construction que l'on estime ne pas dépasser *quatre ans* (?)

« Le capital de la Compagnie concessionnaire est dès à présent fixé à 50 millions de francs, divisé en 100 000 actions de 500 francs chacune.

« La tarification des omnibus et tramways adoptée par le Conseil municipal ne paraît pas devoir être maintenue. La Commission spéciale nommée par le Ministre des Travaux publics pour examiner la question du Métropolitain, se prononce pour l'établissement de trois classes avec les tarifs sur les bases kilométriques suivantes :

0 fr. 10   pour la 1re classe ;

0 » 075   —   2e   —

0 » 04   —   3e   —

avec fractions arrondies au profit du public : 10 centimes pour 12; 20 centimes pour 24 et ainsi de suite.

« Le minimum de perception est fixé à 10, 15 et 20 centimes suivant la classe.

« Les places de 3e classe jouiront d'un tarif réduit de moitié, de 5 heures à 7 heures du matin en été, et de 6 à 8 heures en hiver.

« Il paraît que la Compagnie n'a pas encore accepté ces tarifs qu'elle trouve trop réduits. »

Il y a donc une Compagnie du Métropolitain?

Où est son siège?

Quels sont ses directeurs?

On dit — mais nous n'affirmons rien — qu'elle est formée pour le moment de trois établissements financiers :

La Société de Dépôts et Comptes-Courants ;

La Banque populaire ;

Le Crédit industriel (?)

Et de M. Forbes, directeur du Metropolitan de Londres (*sic*), pour le compte de la Compagnie anglaise.

Nous ne voyons pas là un groupe financier assez bien placé dans l'opinion publique pour attirer l'épargne dans les caisses de la Compagnie au moment de la souscription.

La Société de Dépôts et Comptes-Courants a le tort de rappeler l'Orléans à Châlons, la Financière, les Tramways-Nord, la Compagnie générale d'Assurances, etc. La Banque populaire est cet établissement financier qui a voulu reconstituer les Tramways-Nord au modeste capital de 250 000 francs et qui a si piteusement échoué devant le Conseil municipal, malgré l'appui prêté par M. Deligny à son ancien collègue, un des instigateurs de la nouvelle Compagnie.

On prétend que c'est M. Durrieu et non le Crédit industriel qui s'est engagé dans le groupe ; nos félicitations aux actionnaires. Quant à M. Forbes, il est directeur du District et non du Metropolitan ; ce qui, au point de vue financier, est bien différent. M. Forbes est un homme d'un incontestable mérite, mais nous ne pensons pas qu'il ait entraîné avec lui la Compagnie du Metropolitan dont les actionnaires ont trop de confiance dans leur président, Sir Ed. William Watkin, membre du Parlement et président du South Eastern Railway, pour suivre la fortune de M. Forbes. Il y a d'ailleurs, en ce moment, une trop grande tension dans les rapports entre les deux Compagnies anglaises, pour supposer que les actionnaires du Metropolitan fassent cause commune avec ceux du District.

En résumé, sans tenir compte de la concession donnée, qui a besoin de la sanction législative pour être définitive, on se trouve en présence de deux projets bien différents : l'un souterrain, incommode et dangereux ; l'autre aérien, facilement exploitable, mais exigeant des dépenses considérables. Pour faire du souterrain un mode de transport *qui ne manque pas d'agrément* et qui se rapproche du Métropolitain anglais, il faut renoncer à suivre les voies publiques et s'engager sous les propriétés privées, afin d'arriver peu à peu à substituer la tranchée au tunnel. Cette mesure radicale, mais nécessaire, doublera probablement la dépense prévue. Mais il ne faut pas perdre de vue que le Métropolitain de Paris — souterrain ou aérien — ne peut être fait qu'à l'aide de subventions ou de garantie d'intérêt. C'est une nécessité que tous les hommes compétents admettent aujourd'hui et sur laquelle il nous semble inutile d'insister. Prétendre que l'on peut s'en passer, c'est faire supposer qu'en sollicitant la concession on n'a eu en vue qu'une affaire de banque ou de travaux.

Dans le journal *Le Métropolitain de Paris*, auquel nous avons fait allusion au commencement de cette brochure, on lit l'étonnante phrase qui suit :

Le Ministre promit, en outre, de maintenir au Métropolitain sa spécialisation et de ne pas le concéder aux grandes Compagnies, lesquelles, au surplus, pour ne pas créer un précédent préjudiciable aux intérêts de leurs actionnaires, ne veulent accepter aucune concession sans garantie d'intérêt.

C'est que les Administrateurs de nos grandes Compagnies n'ont pas pour habitude de se faire entrepreneurs de travaux, et qu'avant de songer à leurs intérêts ils se préoccupent de ceux de leurs actionnaires. On ne les voit point grever les concessions qu'ils apportent de ces majorations scandaleuses qui enrichissent les promoteurs d'une affaire au détriment de ceux qui s'y intéressent.

Sur les 150 millions de dépenses prévues dans le projet Buisson des Leszes et consorts, figurent plus de 32 *millions pour les frais généraux et l'intérêt du capital engagé pendant la construction.*

Certes c'est là un beau chiffre que les grandes Compagnies se seraient bien gardées de demander pour le compte de M. X... ou de M. Z... Mais ne faut-il pas une large rémunération aux auteurs et lanceurs de l'affaire, et n'est-ce pas le public qui doit en faire les frais ?

Il faut le dire et le répéter bien haut : Si depuis quatorze ans on cherche en vain l'argent nécessaire pour construire le Métropolitain, c'est que l'État et la Ville se sont toujours refusés à donner une subvention ou une garantie d'intérêt. Toutes les fois que la question a été agitée au Conseil général ou au Conseil municipal, les demandeurs en concession ont eu soin de déclarer : *que le capital était trouvé.* Hélas! il ne l'est même pas à l'heure où nous écrivons ces lignes. Comme les concessionnaires n'ont vraisemblablement pas dans leurs caisses 125 millions à consacrer au premier réseau, ils vont les demander à l'épargne.

Le Parisien, qui ne croit pas, en général, au Métropolitain souterrain, se gardera bien de répondre à cet appel. Il ne s'intéressera dans une affaire qui présente tant d'aléas, que si on offre au capital une garantie d'intérêt et s'il voit à la tête de l'entreprise nos grandes Compagnies de chemins de fer dans lesquelles il a une confiance absolue. Il sait que leur passé ne s'est trouvé mêlé à aucune affaire véreuse; qu'avec elles il n'y a pas de sinistre financier à redouter et que les travaux une fois entrepris ne resteront pas inachevés pour 1889, faute des ressources nécessaires pour les mener à bonne fin.

Qui pourrait répondre qu'il en sera ainsi avec la Compagnie concessionnaire choisie par M. le Ministre des Travaux publics et que l'État ou la Ville ne sera pas obligé de venir à son aide?

Mais le *monopole*, diront les uns? Mais la *spécialisation*, diront les autres? Ce sont là des mots qui font bondir certains conseillers municipaux sur leurs sièges quand ils résonnent sous les voûtes de l'Hôtel-de-Ville, mais qui n'émeuvent pas le public. M. Jeoffrin déclarait au Conseil municipal qu'il ne voterait pas la concession du Métropolitain telle qu'on la proposait, *parce qu'elle constituait un nouveau monopole*, et en cela il avait raison. La seule différence qui existe entre ce monopole et celui des Omnibus, c'est que le Conseil municipal a voté le premier et qu'il subit le second. *Vérité en deçà; erreur au delà*, a dit Pascal.

Quant à la spécialisation, l'ouvrier ne s'en inquiète guère. Ce qu'il demande, c'est de pouvoir habiter avec sa famille les quartiers excentriques où les loyers sont moins chers; c'est d'être assuré de trouver de la place quant il se rend à son travail et d'arriver, sans fatigue et à bon marché, au chantier ou à l'établi. Si les grandes Compagnies de chemins de fer sont plus à même que les autres de lui assurer ce désidératum, il les accepte de grand cœur, tant il craint que le *Siècle* n'ait eu raison de dire, il y a quelques mois :

« Le Métropolitain nous paraît compter parmi les mystifications mémorables de notre époque. »

ANNEXE N° I

Une Compagnie concède à une autre soit le droit de parcours sur ses rails (*Running power*), soit la faculté d'exploiter avec elle tout ou partie de son réseau (*Working agreement*). Quelquefois il n'y a entre les deux Compagnies qu'un échange courant de trains (*Interchange running of trains*).

Beaucoup de Compagnies qui ont les mêmes intérêts, font entre elles des arrangements de ce genre, qui leur permettent d'expédier de plusieurs gares la plus grande partie de leurs trains de voyageurs.

Ainsi, le Metropolitan a concédé à perpétuité au Great Western et, pour un temps limité, au Midland, au Great Northern et au Chatam, le droit de passage sur ses rails pour un certain nombre de trains, moyennant un péage déterminé pour le parcours et l'usage des stations communes. Les quatre Compagnies s'interdisent tout trafic local sur le Metropolitan.

Le London and North Western a traité avec le District dans d'autres conditions.

En échange d'une somme de 2 500 000 francs que le North Western a payée au District pour lui permettre de terminer sa ligne et ses stations jusqu'à Mansion House, celui-ci lui a accordé le droit d'exploiter avec lui la partie comprise entre

Kensington (Addison Road) et Cannon Street. Le North Western paie au District pour le parcours de ses trains et l'usage de la gare de Mansion House, une somme proportionnelle au nombre de ses voyageurs directs. Le North Western reçoit en échange 1 schelling par mille — 77ᶜ 1/2 par kilomètre — pour l'indemniser des frais de transport des voyageurs locaux ou directs du District.

Les deux Métropolitains ont entre eux une convention différente de celles qui précèdent. Ils s'exploitent en commun sous la direction d'un Comité composé d'Administrateurs des deux Compagnies. Les recettes brutes provenant des tarifs et des taxes directs doivent être partagées entre les deux, dans la proportion du nombre de kilomètres parcourus sur leurs lignes respectives.

Pour équilibrer les dépenses, le service commun est organisé de manière que le nombre de kilomètres parcourus par les trains de chaque Compagnie soit, autant que possible, proportionnel à la longueur des lignes.

La branche d'Hammersmith and City est exploitée à frais communs par le Metropolitan et le Great Western.

Enfin, les deux Métropolitains ayant un matériel roulant plus considérable que ne l'exige le service de leurs lignes, se chargent de l'exploitation d'autres lignes à tant pour cent de la recette. C'est ainsi qu'avant d'acheter l'embranchement de Sᵗ John's Wood, le Metropolitan l'exploitait à 50 0/0 de la recette.

ANNEXE N° II

Pendant l'impression de cet ouvrage a eu lieu l'Assemblée ordinaire de fin d'année du Metropolitan. Le Rapport lu aux actionnaires contient quelques renseignements intéressants qui complétera ce que nous avions à dire de cette Compagnie.

Au 31 décembre 1884, le capital se composait de :

Actions de toutes sortes (de préférence, ordinaires, différées, etc.). . . . . L. s. 8 733 578

Emprunts à terme et obligations 3 184 535

Total. . . .   11 918 113

Soit 297 952 825 francs.

L'augmentation du nombre de voyageurs, qui dépassait annuellement 2 millions, n'a été l'année dernière que de 278 039, et le produit est resté inférieur à celui des années précédentes. C'est la première fois, depuis l'origine du Metropolitan, qu'un pareil fait se produit. Il est la conséquence de la réduction des tarifs qu'a provoquée l'achèvement de l'Inner Circle.

Le District est devenu co-propriétaire du Metropolitan pour la section d'Aldgate à Trinity Square. Les deux Compagnies possèdent aujourd'hui en commun la partie comprise entre Aldgate et Mansion House et le prolongement sur Whitechapel qui forment les *City Lines and Extensions*. Il paraît que le

désaccord règne entre elles au sujet de ces lignes. Le Rapport
ne parle que de questions litigieuses soumises à des arbitres ;
ce résultat était prévu par tous ceux qui connaissent l'esprit
de concurrence qui anime les deux Compagnies.

De son côté, la Compagnie du District reconnaît que dans
le deuxième semestre de l'année dernière, les recettes ont été
de 40 000 fr. inférieures à celles de la période correspondante
de 1883 et que les dépenses ont augmenté de 295 500 francs.

TABLE DES MATIÈRES

PARIS

TABLE DES FIGURES

ANGERS. IMP. A. BURDIN ET Cie, RUE GARNIER, 4.

EXTRAIT DU CATALOGUE